KB005395

전자기학과 *패러데이

전자기학과 *패러데이

콜린 A. 러셀 지음 ● 김문영 옮김

바다출판사

차례

4 평생을 바친 왕립연구소 생활 52

패러데이는 1815년 5월 24세의 나이로 실험실 장비와 광물학 소장품의 관리자 겸 조수로 왕립연구소에 고용되었다. 이듬해부터 그는 왕립연구소의 건물 꼭대기에서 먹고 자는 생활을 시작했다. 이런 그의 생활은 평생 동안 계속되었다.

5 화학 실험에 매료되다 72

당시 왕립연구소는 화학으로 유명했고 패러데이 역시 화학에서 과학 경력을 시작했다. 당시 광부들이 지하에 들어갈 때 가지고 가는 양초에 탄광 안에 매복해 있던 메탄가스가 접촉해 폭발하는 사고가 잦았다. 이 문제를 해결하기 위해 데이비와 패러데이는 혼신의 연구를 진행했다. 마침내 그들은 불꽃을 철망으로 덮으면 공기는 들어갈 수 있지만 불꽃은 주변 대기에 전달되지 않는다는 점을 밝혀냈다. 패러데이는 과학이 인간에게 이득을 안겨 줄 수 있다는 점에 매료되었다.

6 전자기 연구의 시작 90

패러데이는 전기가 통하는 전선 둘레로 자석을 회전시킬 수 있다는 점을 밝혀냈다. 그리고 전류가 통과하는 전선의 코일에 유동 자석이 들어갈 수 있다는 점을 확증했다. 한편 스승 데이비는 표절 문제로 패러데이를 비난하고 나섰다. 격분한 데이비는 자신이 학회 회장으로 있는 영국 선두의 과학 조직

종이 아래에 막대자석을 놓고

쇳가루를 종이 위에 뿌리면 쇳가루들이
자력선을 따라서 자발적으로 정렬한다.
이것은 물리학에서 장(場)의 존재를 증명한 최초의 실험이다.
마이클 패러데이는 자석을 체계적으로 연구한
최초의 빅토리아 시대 물리학자였다.

FOUR LECTURES

being part of a Course
The Elements of

CHEMICAL PHILOSOP

Delivered by

SIR H. DAVY

LLD. Sec RS. FRSE. MRIA. MRI

AT THE

Royal Institution

And taken off from Not

BY

M. FARADAY

1812

1

과학의 무대에 첫발을 내디딘 젊은이

1812년 패러데이가 험프리 데이비의 화학 강의를 듣고 정리한 노트의 표지이다.

1812년 2월 어느 날 저녁, 런던 웨스트 엔드 중심가에 수많은 사람들이 모여들었다. 사람들의 관심은 영국 왕립연구소의 본거지인 앨버말 거리 21번지에 모아졌다. 하지만 곧 사람들은 쌀쌀한 밤공기를 피해 안으로 들어가 고픈 유혹에 시달렸다. 마차는 서로 정문에서 가까운 자리를 차지하려고 부딪쳤고, 당국의 지시에 따라 아마도 세계 최초로 일방통행이라는 전례 없는 통제가 시작되었을 만큼 혼잡이 극심했다. 현재와 마찬가지로 피커딜리부터 남쪽에서 북쪽으로 이동하는 통행만 허용되었던 것이다.

부자들을 위한 왕립연구소의 강연회

남자와 여자, 아마도 어린이 몇 명까지도 현관 마루를 지나 위층으로 마치 순례 여행자들처럼 줄지어 목적지로 들어갔다. 이곳은 여러 줄로 늘어선 녹색 좌석에 900명까지 앉을 수 있었다. 강의실은 모든 자리에서 연단을 볼 수 있도록 설치된 넓은 반원형 계단식이었다.

연단 위의 탁자에는 갖가지 신기한 과학 기구가 전시되어 있었다. 탁자 뒤의 문이 열리고 강연자가 나타날 순간이 가까워 오자 흥분한 청중의 웅성거림이 한층 높아졌다.

한편, 강연에 모인 사람들은 서로의 옷차림과 몸가짐에 더 많은 관심을 가졌을 것이다. 어떤 의미에서 이 강연은 서로 보고 보여야 할 사교 행사였기 때문이다. 매년 청중 예약자 회원 목록에는 귀족 명단이 올라 있었고, 가끔은 맨 앞줄에 앉아 있는 왕족 후원자도 볼 수 있었다. 하지만 그보다도 더 진지한 일이 눈앞에 펼쳐지려고 하고 있었다.

그들은 런던에서 가장 인기 있는 연사의 강연을 들을 예정이었지만, 그가 이야기할 내용은 정치가 아니라 과학이었다. 그의 이름은 험프리 데이비였다. 11년 전인 1801년에 현대 과학이 어떤 일을 하고 있으며 앞으로 확실히 무엇을 할 수 있을지에 대한 설명으로 청중을 감동시킨 젊은이였다.

1812년 무렵 그의 명성은 한층 더 높아졌다. 왕립연구소에서 데이비의 강연을 듣는 것은 엡섬의 경마나 버킹엄 궁전의 가든파티와 마찬가지로 인기 있는 사교 활동이었다. 강연회에는 시인과 같이 과학자가 아닌 사람도 있었다.

데이비는 시인 윌리엄 워즈워스와 사무엘 테일러 콜리지의 친구였고, 직접 시를 써서 자연에 대한 경외심을 공유하기도 했다. 콜리지는 '은유의 재고를 새롭게 하기 위해' 그의 강연에 참석했다.

바로 데이비가 1812년 2월 29일 밤에 지명된 연사였다. 강연 주제는 전년도에 시작한 장기 화학 강좌를 완결하기 위한 4회 강의 중 첫 번째로 '방사성 물질' 이었다. 항상 그렇듯이 그의 강연은 이번에도 열광적인 갈채를 받았다. 런던의 상류층 사람들은 다음 사교 연회(아마도 저녁 만찬) 장소를 향해 흩어졌고 나머지 사람들도 겨울밤 속으로 사라졌다.

실제로 저녁 행사는 왕립연구소 설립자의 원래 의도(농

화학을 증진하기 위함)와는 거리가 멀었으며, 노동자와 기능공이 제도 밖으로 밀려났다고 해도 틀린 말은 아니었다. 원래 건물에는 기능공이 사용할 수 있도록 거리에서 관람석으로 바로 통하는 계단이 있었다. 그러나 하층 계급에 대한 이 조치에 사람들은 난색을 보였고 상당한 비용에도 불구하고 계단은 곧 헐렸다.

이것은 하나의 상징적인 예에 불과하며, 수십 년 동안 왕립연구소는 부자와 권력자에게만 연회를 제공하는 어정쩡한 차별을 유지해 나갔다.

데이비와의 첫 만남

그날 밤 맨 위층 관람석에는 운 좋게도 험프리 데이비의 마지막 4회 강연 입장권을 얻은 가난한 젊은이가 있었다. 그는 시계 바로 아래에 상류층 사람들과 멀리 떨어져 앉아 있었다. 그는 정문으로 들어가긴 했지만, 맨 위층 좌석까지 혼자 올라가는 동안 다른 사람의 눈에 띄지 않았을 것이다.

마이클 패러데이라는 이 젊은이의 이름은 그곳에 모인 누구에게도 알려지지 않았다. 데이비가 강의를 시작하자 젊은이는 강사가 설명하는 주제에 몰입해 자신의 미천한 지위도 잊고 습관대로 꼼꼼히 필기하기 시작했다. 강연이 끝났을 때 그는 다른 사람들의 눈에 띄지 않게 강의실을 빠져나갔고 다른 강의에서와 마찬가지로 다음 날 강의 내용을 자세히 기록했다.

고정 참석자 몇 명이 시계 아래 홀로 앉아 있는 그를 알아보기 시작한 것은 네 번째 강의 무렵이었을 것이다. 하지만 20년 후 바로 이 계단식 강의실에 지금처럼 열성적으로 마이클 패러데이의 강의를 들으려는 청중이 넘쳐나리라고는 누구도 상상하지 못했다.

그의 실험 기술은 전임자와 같이 우수했고 열정과 전달력도 뛰어났다. 하지만 당시에는 많은 차이가 있었다. 패러데이의 강연에는 젊은 사람들이 점점 더 많이 참석했으며 특별히 어린이를 위한 강의도 준비되었다. 시적인 말솜씨는 패러데이가 데이비에 비해 부족했을지 모르지만 장난스러운 유머 감각과 호의로 충분히 보완되었다.

40세 무렵에 패러데이는 화학뿐만 아니라 전기학과 자기학의 기본이 되는 원리를 발견하여 국제적 명성을 얻는 과학자가 되었다. 그의 연구에 힘입어 전동기와 발전기가 발명되었다.

패러데이는 전임자 데이비와 같이 왕립연구소를 과학의 전당으로 만들었다. 세계 어느 곳에서도 그와 같은 과학적 진보를 이룬 적이 없을 만큼 중요한 과학적 발견을 한 소수의 행운아들이 이곳 왕립연구소에서 명성을 얻었다. 수많은 보통 사람들도 완전히 새로운 경험의 세계, 새로 싹트는 과학의 세계를 이곳에서 발견했다.

데이비는 자신과 왕립연구소의 명성을 쌓는 한편, 화학 연구를 계속했다. 그의 연구는 결국 근본적인 중요성을 갖는 것으로 밝혀졌다. 아마도 그의 주요 업적은 화학과 전기학을 결합하여 고전적인 화학과 물리학의 경계에 있던 전기화학이라는 새로운 과학을 개척한 일일 것이다.

전기화학에서 화학 물질은 전류의 작용을 따르며 화합물의 입자를 결합하는 힘은 일종의 전기적 인력으로 생각되었다. 실질적인 결과는 나트륨, 칼륨, 칼슘, 바륨, 스트론튬과 같은 새로운 여기성(勵起星) 금속이었다.

1812년 무렵 데이비는 왕립학회의 공동 서기관이 되었고 유명한 베이커리언 강의를 다섯 번 이상 했으며 왕립학회에서 주는 최고의 상인 코플리 상을 받았다. 실제로 그는 4월, 마지막 강의 이틀 전, 부유한 미망인과 결혼하기 5일 전에 기사 작위도 받았다.

하지만 다른 의미에서 본다면, 1812년 그 강의에서 험프리 데이비는 실험실에서보다 훨씬 더 주목할 만한 발견을 했다. 즉 거대한 과학적 재능을 지닌 사람과 만나게 되는 사건을 자신도 모르게 경험하고 있었던 것이다. 많은 평론가들의 견해에 따르면 험프리 데이비의 가장 위대한 발견은 실제로 마이클 패러데이였다.

이 젊은이는 자기 시대에도 전설이 될 만큼 눈부시도록 화려한 과학 경력을 곧 시작했다. 게다가 가정을 꾸리고

여기성
양자론에서, 원자나 분자의 가장 바깥쪽에 있는 전자가 외부의 자극에 의하여 일정한 에너지를 흡수하여 보다 높은 에너지의 상태로 이동하는 현상을 말한다.

베이커리언 강의
자연과학을 주제로 왕립학회에서 주최하는 가장 중요한 강의. 왕립학회 회원 한 명이 매년 연설 또는 강연을 한다. 회원인 헨리 베이커 씨가 기증한 100파운드의 유산으로 1775년부터 시작되었다.

확대 가족의 어린 구성원들과 기쁘게 만났을 뿐만 아니라, 그리스도교 신앙에 대해 진지하게 생각했으며 광범위한 교회 활동을 했다.

간단히 말해서 그의 삶은 편안하지 않았지만, 현대의 관점에서 볼 때 마이클 패러데이는 역사상 가장 위대한 서너 명의 실험 과학자에 속한다고 할 수 있다.

예리한 정신

패러데이는 기민한 정신에, 무언가에 골몰하는 편이이어서 그의 사고를 따라잡기는 쉽지 않다. 그는 자주 여러 주제를 동시에 생각하고 있었다. 그는 항상 한 주에 화학 분석, 전기학 연구, 산업 자문, 공개 발표가 뒤섞인 생활을 했을 것이다. 친구 벤저민 애벗에게 보낸 편지에서 볼 수 있듯이, 19세 때 그가 가졌던 열정은 평생 동안 지속되었다.

나는 이 주제에 깊이 몰두했으며, 혼란스럽지만 가능한 한 빨리 제자리를 찾기 위해 나아가고 있었습니다.

그때 갑자기 분수에서 진심과 애정이 담긴 인사와 함께 몸조심하라는 외침이 들렸습니다. 이 때문에 새로운 생각을 하게 되었고 그곳에서 블랙프라이어스 다리까지 발사체와 포물선 사이에서 무수히 많은 생각으로 왔다갔다 했습니다.

다리를 지날 때 바람이 얼굴을 스치자, 내 관심은 포장도로의 경사도로 쏠렸습니다. 요즘은 경사면이 대유행입니다. 다리의 반대 쪽에도 사용되고 있었습니다. 그곳에서 나는 1미터 정도의 공간을 아주 매끄럽고 부드러우며 한결같은 방식으로 나아가게 되었습니다.

일반적으로 미끄러짐이라고 말하는 이 움직임은 마찰과 관련하여 마찰을 줄이는 가장 좋은 방법으로 소개됩니다. 연구 중인, 더 정확히 말하면 생각 중인 주제와 연결된 실제적인 실험을 제외하고는 거의 아무 방해도 받지 않고 잠시 동안 이 기분을 계속 즐겼습니다.

2
샌더매니언 신앙을 따르는 소년

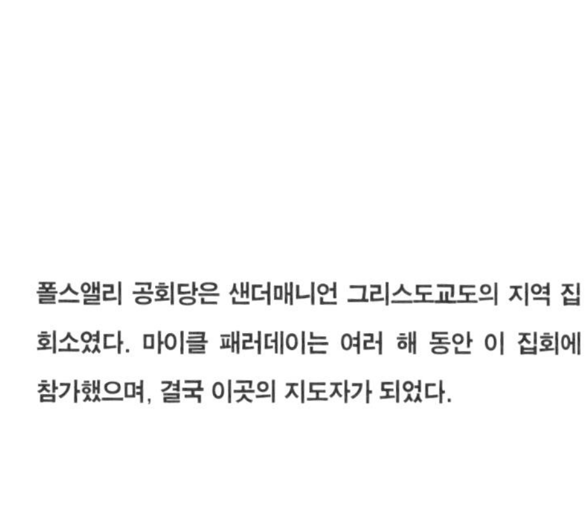

폴스앨리 공회당은 샌더매니언 그리스도교도의 지역 집회소였다. 마이클 패러데이는 여러 해 동안 이 집회에 참가했으며, 결국 이곳의 지도자가 되었다.

패러데이의 뿌리는 19세기 전반에 영국 과학계에 유명 인물을 여러 명 배출한 잉글랜드 지역으로 거슬러 올라간다. 그곳은 옥스퍼드나 케임브리지나 런던이 아니라 랭커셔 북단, 웨스트모얼랜드의 옛 지방, 요크셔 북서부를 둘러싼 잉글랜드 지방이다. 이곳은 동쪽에 페나인 산맥이 있고 북서쪽에 컴브리아 산맥이 있는 거칠고 황량하기 짝이 없는 지역이다. 크기는 변했을지 몰라도 도시는 오늘날에도 랭커스터, 켄들, 세드버그, 커크비스티븐뿐이다.

패러데이의 뿌리

이처럼 희망 없는 요람에서 지질학자 애덤 시지윅, 화학자 존 돌턴과 에드워드 프랭클랜드, 전기과학의 개척자 윌리엄 스터전, 해부학자 윌리엄 터너와 리처드 오언, 공학자 제임스 맨서그와 로버트 롤린슨, 케임브리지 대학교 트리니티 대학 학장이 된 수학자 겸 철학자 윌리엄 휴얼이 나왔다. 이 과학자들은 다른 많은 사람들과 더불어 '굳건한 북부의 자손'이라고 불린다.

황폐한 기후와 험한 지형은 과학 추구에 필요한 강인한 정신을 길러 주는 데 반드시 필요한 요소였을 것이다. 런던에서 멀리 떨어진 이 외딴 지역에서는 견해의 독립성마저 확고하게 유지되었다. 그리고 현관 계단만 내려서면 산맥, 폭포, 동굴과 같은 장엄한 자연 현상과 풍부한 야생 생

돌턴 (1766~1844)
영국의 화학자 · 물리학자. 혼합 기체의 물리적 성질을 연구한 결과 '부분 압력의 법칙'을 발견하고, 1803년에는 근대 원자론의 개념에 도달하여 '배수 비례의 법칙'을 발견하였다. 저서에 『화학 철학의 신체계』가 있다.

물이 있었다. 덕분에 많은 젊은이들이 자연의 비밀을 한층 심층적으로 탐구할 수 있었다.

마이클 패러데이는 이 지역에서 태어나지 않았지만, 그의 가족이 여러 세대에 걸쳐 이곳에 뿌리를 내렸다는 사실을 알고 있었다. 실제로 그는 가족이 조상의 근거지를 떠나 런던에 정착한 후 겨우 몇 주 만에 태어났다.

그때까지 그의 부모는 대도시의 새 이웃 가운데 어느 누구도 들어 본 적 없을 정도로 외지고 이름 없는 곳에서 살았다. 그곳은 잉글랜드 북부의 요크셔와 웨스트모얼랜드라는 두 지방 사이 경계선 근처의 황량한 지역에 있었다. 이름은 아우스길이었다.

대장장이의 아들로 태어나다

대략 남북으로 뻗은 두 산등성이를 상상해 보자. 동쪽은 말러스탕 펠스, 서쪽은 하우길스로 알려져 있다. 그 사이에는 이든 강의 원천인 외진 계곡이 있다. 강은 북쪽으로 흘러 몇 킬로미터를 지나 칼라일의 국경 도시로 들어간 후 마침내 솔웨이 만의 바다에 도달한다.

간간이 보이는 농장을 제외하고 이 산악 지방에는 사람이 거의 살지 않는다. 여름에는 목가적이고 겨울에는 스산한 시골의 평화를 방해하는 기차는 현재에도 거의 없지만, 1870년대 이후 이든 강 계곡에는 유명한 세틀-칼라일 철도 노선이 지나갔다. 말러스탕 펠스는 동쪽으로 웅장한 모습을 드러내며, 칼라일행 기차에서는 드문드문 흩어진 건물의 발치를 어렴풋이 볼 수 있다. 몇 초 만에 기차는 터널로 사라지고 건물은 모습을 감춘다. 옹기종기 모인 이 작은 건물들이 패러데이 가족의 고향인 아우스길 마을이다.

아우스길은 유서 깊은 지역에 있었다. 북쪽으로 1.6킬로미터 떨어진 곳에는 일찍이 아서 왕의 아버지 유서의 고향으로 알려진 펜드래건 성이라는 역사적인 유적이 있다.

역사를 훨씬 더 거슬러 올라가면 잉글랜드와 스코틀랜드 사이의 경계선이 한때 아우스길의 2, 3킬로미터 안쪽으로 통과했다. 패러데이 가족이 살던 시대에 유일한 통신로는 북쪽으로 8킬로미터 떨어진 커크비스티븐의 작은 시장 마을에서 출발하여 산맥을 넘어 남쪽 계곡을 지나 헬길다리에서 요크셔로 들어가는 통행로였다.

이 한적한 길도 마을에서 서쪽으로 수백 미터 거리에 있었다. 이 길은 남쪽으로 약 500킬로미터 거리의 런던까지 멀리 소를 몰고 갔던 스코틀랜드의 오랜 가축 도로였다. 이 통행로를 따라 수없이 많은 말이 다녔다. 승객을 실은 말도 있었고 당시 활동의 중심지였던 이웃 납 광산에서 무거운 짐을 끌고 오는 말도 있었다. 커크비스티븐 바로 북쪽에서 열리는 대규모 9월 정기 시장으로 가는 말도 있었다. 마이클 패러데이의 아버지 제임스 패러데이에게 생계를 공급한 것도 바로 이 말들이었다. 그는 대장장이였다.

아우스길에서 계곡을 건너가면 딥길 농장이 있었다. 마거릿 하스트웰은 이 농장의 하녀로 일했다. 마거릿은 제임스의 형 리처드와 결혼한 메리 패러데이의 여동생이었다. 제임스는 형과 형수를 방문하거나 교회에 다니면서 마거릿을 알게 되었을 것이다.

마이클의 어머니 마거릿 하스트웰은 말러스탕에 있는 이 농장의 하녀였다.

패러데이 가족과 하스트웰 가족의 첫 결혼 후 9년이 지난 1786년에 마거릿은 제임스 패러데이의 아내가 되었다. 처음 두 아이 엘리자베스와 로버트는 아우스길에서 태어났다.

인내력과 결단력을 키운 어린 시절

이때는 특히 더 어려운 시기였지만, 이 지역의 생활이 항상 거칠고 냉혹했다는 점만은 매우 확실하다. 가족의 기질은 여러 세대에 걸쳐 이 같은 환경 속에서 형성되었을 것이다. 마이클 패러데이는 당시 북부 잉글랜드의 특징적인 가치를 물려받았다.

그중에는 말러스탕과 와일드보어펠 인근 지역의 황폐한 자연환경에서 살아가기 위해 필요했던 끈질긴 인내력도 포함된다. 이 끈기는 산맥을 뒤흔드는 헬름이라는 맹렬한 바람을 견딜 수 있도록 견고하게 건설된 자연석 벽과 주택에서 지금도 찾아볼 수 있다.

마이클 패러데이가 무시무시한 난관에도 굴하지 않고 여러 날 동안 지속적으로 연구하면서 실험실에서 보여 준 인내력에서도 이 끈기를 볼 수 있다.

북부 집안의 혈통에서 패러데이는 포기할 줄 모르는 황소 같은 결단력을 물려받았을 것이다. 대장간에서의 힘든 육체노동의 가치도 있었다. 동시대 많은 자연 철학자들과 달리 패러데이는 이렇게 힘들고 땀 흘리는 노동이 어떤 식으로든 품위를 떨어뜨린다고 생각하지 않았다.

그는 아버지와 아버지가 작업장에서 했던 모든 일에 애정과 존경을 가지고 있었다. 아마도 대장간에서 그는 재료를 다루는 기술과 화덕을 건설하고 작동하는 간단한 방법을 배웠을 것이다.

뛰어난 실험 기술이 없었다면 그는 인상적인 과학적 성과에 도달할 수 없었을 것이다. 그의 배경에 있는 북부적인 요소는 실험 기술 개발에 도움이 되었을 것이며, 적어도 다른 사람이 오늘은 그만 하자고 말할 때 계속할 수 있는 힘이 되었을 것이다.

샌더매니언 그리스도교도가 되다

북부에 한정된 것은 아니겠지만, 북부적인 가치 중에서 가장 변함없는 요소는 아마도 자연에 대한 사랑일 것이다. 말러스탕의 자연은 아름답거나 강력하거나 다채롭거나 풍

요롭거나 자극적이거나 위협적이거나 시간에 따라 다르게 보였을 것이다. 그 자연은 길들이기보다는 오히려 이해해야 하지만 항상 그 자리에 존재하며 인간의 생명보다 훨씬 더 영속적인 어떤 것으로 보였을 것이다.

그러나 패러데이 가족 모두의 가치를 형성하고 집안에서 가장 유명한 아들의 운명을 결정한 요소는 따로 있었다. 바로 종교였다.

커크비스티븐의 중심가에는 리처드 패러데이와 메리 하스트웰이 결혼하고 9년 후 제임스 패러데이와 마거릿 하스트웰이 결혼한 교구 교회가 있다.

당시에는 법적으로 모든 결혼식을 영국 국교회에서 올려야 했다. 하지만 1771년 사망한 창설자 로버트 샌더맨의 이름을 따서 샌더매니언이라고 알려진 소규모 그리스도교 교단의 지역 신도들에게는 소속된 교회가 근처에 따로 있었다. 교구 교회보다는 오히려 이 교회가 두 패러데이 가족의 영적 고향이었다.

18세기 잉글랜드에서는 새로운 종교의 부흥이 일어났다. 수많은 사람들이 영국 국교회의 공식 예배에서 인정하지 않는 성서의 의미를 발견했다. 그중 존 웨슬리, 찰스 웨슬리, 조지 화이트필드는 세계적으로 유명한 전도사가 되었고 그 밖에도 많은 사람들이 있었다. 이들의 공통점은 신의 말씀으로서 성서를 존중한다는 것이었다.

그들은 성서를 기성 교회의 모든 전통보다 더 큰 권위로 인식했다. 영국 국교회에서 구현된 교회와 국가의 결합은

샌더매니언
1730년 무렵, 스코틀랜드에서 창시된 그리스도교의 한 종파이다. 이후 영국과 미국으로 퍼져 나갔으나 지금은 사실상 존재하지 않는다.

2, 3세기 동안 특수한 문제를 일으켰다. 이런 식의 제도는 성서에서 찾아볼 수 없었으며, 영국 국교회에 따르기를 거부한 사람들은 불순응주의자 또는 비국교도로 알려졌다.

샌더매니언 신앙을 따르는 아이

18세기 중반 영국 북부에서는 과거 웨슬리 형제의 동료였던 전직 성직자 벤저민 잉엄의 추종자들이 유명했다. 스코틀랜드에서는 장로교회 목사 존 글래스가 유사한 운동을 시작했고 그가 설립한 글래사이트 교파는 그의 사위 로버트 샌더맨이 쓴 중요한 신학 저서로 더 유명해졌다.

1760년에는 많은 잉엄 추종자들이 샌더매니언 교회로 합류했고 곧 잉어마이트 교파는 급격히 쇠퇴했다. 그 후 샌더매니언 교파는 번창했으며 그중에서도 패러데이 가족이 거주하는 잉글랜드 지역에서 특히 그랬다.

패러데이 가족이 영국 국교회에 반대한 전통은 매우 오래되었다. 마이클 패러데이의 할아버지 로버트 패러데이가 잉엄이 이끄는 소규모 교단으로 전향한 후 그는 집에서 40킬로미터 떨어진 켄들의 잉어마이트 교회에서 처음 세 자녀들이 세례를 받도록 했다.

1760년 이 교파의 수많은 신도들이 자신들의 신앙과 유사한 샌더매니언 교파로 돌아섰을 때 로버트 패러데이는 클래팜 웨닝뱅크의 샌더매니언 교회에 합류했다. 이 교회는 성서의 권위에 호소하고 높은 윤리 기준을 요구했다.

이 교회의 검소한 신앙 속에서 로버트 패러데이는 자녀를 교육했다.

그들은 제자들의 발을 씻겨 준 예수의 행동을 그대로 따라 실행했다. 모든 신도는 윤리적 행위, 신학적 믿음, 교단에 대한 충성, 자녀의 이름 짓는 방식에서도 신앙을 충실히 따랐다.

말년에 종교에 대한 질문을 받았을 때 마이클 패러데이는 “널리 알려지지는 않았지만 샌더매니언이라고 하는 아주 작고 보잘것없는 그리스도교 교파에 속합니다. 우리의 희망은 그리스도 안에 있는 신앙에 근거를 두고 있습니다”라고 대답했다.

그는 웨닝뱅크와 커크비스티븐에서 번창했던 아버지와 큰아버지의 신앙을 받아들였으며 이 신앙은 생애의 모든 시기에 커다란 영향을 미쳤다. 확실히 신앙은 그가 태어나기 전부터 그 후까지 오랜 기간 동안 가족들에게 깊이 스며들어 있었다.

그리고 제임스 패러데이가 친숙한 말러스탕의 풍경을 떠나 런던의 전혀 다른 환경에서 새로운 생활을 시작하겠다는 중대한 결정을 내렸을 때, 신앙은 멀리 떨어진 친척들과 막연하지만 강력한 유대를 형성했다.

고향을 떠나 런던으로 이주하다

패러데이 가족이 갑작스럽게 이주한 이유는 확실치 않

독일 그리스도교의 한 교파는 제자들의 발을 씻겨 준 예수의 행동을 따라하는 발 씻기 의식을 실행한다. 17세기와 18세기에는 샌더매니언을 포함한 여러 그리스도교 교단이 이 의식을 행했다.

다. 제임스 패러데이의 건강이 좋지 않았다는 사실만은 분명하다. 되풀이되는 과로와 실업으로 그는 건강을 해쳤을 것이다.

아우스길에는 킹스헤드라는 고대의 여인숙이 있었다. 그곳에서 제임스 패러데이는 여행객들이 하는 대도시 이야기를 들었고, 아마도 다른 많은 잉글랜드 시골 사람들처럼 황금의 땅에서 행운을 잡겠다고 결심했을 것이다. 게다가 1770년대 이후 영국은 식량 부족 사태가 심각해졌다.

엘리자베스와 로버트가 태어난 후 가족의 생활은 절망적이었을 것이다. 1791년에는 셋째 아이를 임신했고 아마도 이 사건을 계기로 떠날 결심을 굳혔을 것이다. 물론 제임스 패러데이는 런던에 친분이 있는 샌더매니언 신도에게서 용기를 얻었다.

2월 20일에는 옛 런던 시 바비컨 근처의 폴스앨리에서 열리는 샌더매니언 집회에 입회했다. 그는 서리 월워스 근처에 있는 뉴잉턴버츠의 교외 마을에 대장간을 열었다.

제임스와 마거릿이 대장간 옆에 얻은 방에서 9월 22일 셋째 아이가 태어났다. 그는 샌더매니언의 관습에 따라 외할아버지 이름을 물려받았다. 바로 마이클이었다.

No 2
RIEBAU
Blandford St

3

제본소를 나와 과학자의 길에 들어서다

런던 웨스트 엔드의 리보 서점에서 마이클 패러데이는 제본공의 도제로 일했다. 그는 이곳에서 책을 보며 과학에 대한 호기심을 키워 갔다.

마이클 패러데이의 초년기는 거의 알려지지 않았다. 정식 교육은 기껏해야 질 낮은 수준이었다. 그는 언젠가 이렇게 썼다. "나는 일반 주간 학교에서 읽기, 쓰기, 산수로 이루어진 가장 평범한 교육을 받았다. 학교 밖에서는 집과 거리에서 시간을 보냈다." 학교 이름조차도 알려지지 않았다.

어려운 가정형편

런던으로 이사하면서 가족의 고난은 끝난 것처럼 보였다. 그러나 실제로는 전혀 그렇지 않았다. 영국 경제가 계속해서 불경기였기 때문이다. 1789년 프랑스 혁명이 발발했고 1793년에는 나폴레옹 전쟁이 시작되었다. 그 후 심각한 무역 정체로 식량 수입이 점점 더 어려워졌다.

1794년과 1795년에는 두 번에 걸친 흉작으로 전국에 기근이 발생했다. 밀 가격은 1년 사이에 1/4톤당 52실링에서 75실링으로 뛰었다. 때로는 곡식을 아예 구할 수 없었고 다른 생계용 식량의 가격도 높기만 했다. 들에서 자라는 밀이 무서운 마름병으로 죽어 간다는 오보는 이미 시작된 공황 상태를 더욱 부채질했다.

굶주린 영국인들은 런던에서 국왕 조지 3세의 마차를 공격했고, 정부는 마치 전국이 포위 공격을 당한 것처럼 대응했다. 1799년과 1800년에 영국에는 다시 한 번 흉작이 찾아왔고 밀 가격은 120실링이라는 최악의 가격으로 치솟았다. 1801년 패러데이 가족은 공적 구호를 요청했다. 마이클은 빵 한 덩어리로 1주일을 버텨야 했다. 1년이 지나지 않아 넷째 아이가 태어났고, 그녀는 샌더매니언 관습에 따라 어머니 마거릿의 이름을 물려받았다.

이 어려운 시기에 제임스 패러데이의 건강은 점점 더 나빠졌다. 그래서 그는 가벼운 시간제 일만 할 수 있었다. 가족의 궁핍은 극심해졌다. 1796년 이후 그들은 맨체스터 광장 찰스 거리 제이콥스웰뮤즈에 있는 마차 차고 위에서 살았다.

스코틀랜드 출신의 샌더매니언 동료 제임스 보이드가 마이클의 아버지에게 길모퉁이를 돌아 웰벡 거리에 있는 그의 대장간과 철공소에서 일하도록 해 주었기 때문이다. 그러나 편자를 박아야 할 말은 줄어들고 식량 가격은 급격히 뛰어 형편은 풀리지 않았다.

아버지의 죽음

1804년 일할 수 있는 나이가 되자 어린 마이클 패러데이는 인근 서적상 겸 제본공인 리보라는 프랑스 이민자 밑에서 일해야 했다. 리보는 마이클에게 신문을 배달하고 다 읽은 신문을 수거하는 일을 시켰다. 어느 누구도 이 보잘것없는 취업의 결과를 짐작하지 못했다.

마이클 패러데이는 즉시 고용주에게 좋은 인상을 심어주었다. 아마도 시키지 않아도 일을 열심히 했거나, 역경

마이클 패러데이는 맨체스터 광장 뒷거리 제이콥스웰뮤즈에서 처음 몇 해를 보냈다. 패러데이 가족은 마차 차고 위에서 살았다.

에도 유머 감각과 착한 성품을 잃지 않았거나, 책의 세계에 경탄하고 점점 더 빠져들었기 때문일 것이다. 그러나 이유가 무엇이든, 1년이 못 돼 이 소년은 제본이라는 장인의 기능을 가진 리보의 도제로 받아들여졌다. 유감스럽게도 더 이상 임금을 받지는 못했지만 그는 작업장 위의 작은 방에서 생활할 수 있었다.

2주 후, 호레이쇼 넬슨 경의 함대가 트라팔가 전투에서 프랑스를 물리침으로써 영국 침략에 대한 나폴레옹의 희망을 끝장냈다. 논란의 여지는 있겠지만, 마이클 패러데이가 책, 학문, 과학의 세계에 들어간 것은 인류 역사의 진로 못지않게 중요했다.

1809년 가족은 포틀랜드플레이스 근처의 웨이머스 거리 18번지로 다시 이사했다. 다음 해 병약한 제임스 패러데이는 사망했다. 그의 유명한 아들은 오랫동안 애정을 가지고 그를 기억했다.

여러 해가 지난 어느 날 마이클 패러데이는 스위스 인터라켄에서 휴가를 보내면서 깊은 관심을 가지고 지역 산업을 관찰했다. 그는 이렇게 썼다.

"징 제작은 이곳에서 상당히 활발하게 진행되며 매우 깔끔하고 깨끗하게 유지되는 사업이다. 나는 대장간과 대장간 일에 관련된 모든 것을 사랑한다. 내 아버지는 대장장이였다."

제본소 일을 시작하다

1810년 마이클은 리보의 도제로 최종 수업 기간에 들어갔다. 그의 형은 런던의 외관에 변화를 일으키고 있는 석탄 가스의 제조와 유통이라는 새로운 산업의 노동자가 되었다. 가족 모두가 샌더매니언 공회당에 참석했다. 이곳에서 누나 엘리자베스는 곧 남편(마구 제조공 애덤 그레이)을 만났고 마이클은 나중에 신앙을 선서했다.

아버지가 세상을 떠날 때 겨우 여덟 살이었던 마거릿은 마이클을 많이 따랐다. 마이클은 그녀에게 읽기와 쓰기를 가르쳤다. 나중에 그가 여행하는 동안 그녀는 그를 몹시 그리워했다.

수많은 역경 속에서도 남은 가족은 유능하고 다정한 어머니를 따라 행복한 가족을 꾸려 갔다. 샌더매니언 신도들은 고난을 저주가 아니라 오히려 축복으로 여기는 성품들이었기에 마이클 또한 고난을 극복할 수 있었을 것이다. 그리고 그의 어머니 역시 '굳건한 북부의 자손' 이었다.

리보의 제본소에서 도제 생활을 하는 동안, 패러데이는 놀랍게도 자신이 마음이 잘 맞는 환경에 있다는 것을 알게 되었다. 동료 도제 두 명은 상냥했고, 스승은 인정 많고 솜씨 좋은 장인이었다. 제본해야 할 책은 소책자 묶음, 개인 수첩, 낱장으로 떨어져 다시 제본해야 할 낡은 책 등이었다. 책을 여러 세대에 걸쳐 사용해야 했던 시절이었다.

패러데이의 도제 생활에 대해서는 거의 알려져 있지 않

지만, 분명히 그는 인상적인 결과를 나타냈다. 그가 제본한 많은 책들은 현재까지도 남아 있으며 수준 높은 품질로 평가받고 있다.

제본 공정 중에는 낱장을 모아서 오랫동안 망치질하는 작업이 있었는데 패러데이는 쉼 없이 망치질을 1,000번까지 할 수 있다고 자랑했다. (아마도 대장간에서 보았던 아버지의 모습에서 힘을 얻었을 것이다.) 그는 낱장을 함께 꿰매고 완성된 책의 책등에 글자를 넣을 때도 빈틈없이 깔끔한 솜씨를 보였다. 그러나 그는 이런 정교한 손재주가 훗날 과학 경력에 크게 도움이 되리라는 점을 조금도 깨닫지 못했을 것이다.

비망록을 만들다

패러데이는 한편으론 불만이 깊었다. 제본 기술의 습득은 그 자체로 가치 있는 일이었지만 그가 새로이 인식하고 있었던 부족한 면을 채울 수 없었다. 샌더매니언 신앙을 통해 신에 대한 진리에 다가가고 있음을 확신했듯이, 하루 종일 책에 둘러싸인 작업장에서 생활하면서 그는 자연에 관한 진리와 지식을 열망했다.

성서와 자연에 관한 두 가지 '책'을 쓴 철학자 프랜시스 베이컨이 오래전에 권고했던 진취적 삶에서 샌더매니언 교리와 과학은 쌍둥이 협력자나 마찬가지였다. 여러 해가 지난 후에는 패러데이 자신이 '신의 손가락으로 쓴 자연의

베이컨 (1561~1626)
영국의 철학자 · 정치가. 근대 경험론의 선구자로 스콜라 철학을 비판하고, 관찰과 실험에 기초를 둔 귀납법을 확립하였다. 근대 과학의 방법론에 커다란 영향을 주었다. 저서에 『수상록』, 『이상향』 등이 있다.

책'에 대해 말했다.

그러나 제대로 교육받지 못한 가난한 대장장이의 아들이 이와 같은 지식을 어떻게 얻을 수 있었겠는가? 어디서 시작할 수 있었겠는가?

실제로 해답은 그를 둘러싼 모든 환경에 있었다. 바로 그가 제본하는 책, 작업장에 있는 책, 리보의 서재에 있는 책이었다. 마침내 그는 이 책들을 사용해도 좋다는 허락을 받았다.

운 좋게도 1809년에 그는 막 재판된 책 한 권을 우연히 보게 되었다. 이 책은 그가 곧 착수할 전체 탐구에 대한 입문서 역할을 했다. 제목은 더 이상 적절할 수 없는 『정신의 개선』이었다.

이 책은 철학자나 과학자가 아니라 찬송가 저자로 잘 알려진 아이작 와츠의 유명한 저작이었다. 그는 샌더매니언 신도가 아니었지만 18세기 초의 불순응주의자 목사였으므로 비국교도 동료인 패러데이의 마음을 끌었을 것이다.

이 책이 권고하는 내용 중에는 근면한 독서, 강의 참석, 비슷한 정신을 가진 사람들과 서신 왕래, 토론 단체 형성, 잊어버릴 수 있는 사실과 견해를 기록할 '비망록' 작성 등이 있었다. 몇 주 후에 부지런한 패러데이는 『철학 문집』이라는 만만치 않은 제목으로 자신의 비망록을 시작했다.

패러데이는 새로운 지식을 추구했기 때문에 방대한 양의 책을 읽어야 했다. 그의 주목을 끌었던 가장 중요한 책은 실제로 그가 제본하고 있는 한 권짜리 책 『브리태니커 백과사전』이었다. 이 책에 수록된 전기에 관한 긴 논설은 곧바로 젊은 도제의 호기심을 자극했다.

이 책의 편집자는 비교적 알려지지 않은 화학자 제임스 타이틀러였다. 그는 다른 저작, 그중에서도 조셉 프리스틀리의 유명한 책 『전기학의 역사와 현황』(1767)의 영향을 받았다.

이 책의 논설에서 패러데이는 전기를 단일 유체로 보는 기존 견해가 틀릴 수 있을 거라는 생각을 갖게 되었다. 그 후 그는 이 주제에 관해 여러 해 동안 깊이 생각하게 되었다. 이 문제는 1810년 동료 도제들과 다른 사람들을 상대로 했던 첫 강연의 주제가 되었다.

그러나 초창기 그의 과학적 열정은 전기학이 아니라 화학에 있었다. 전혀 다른 두 가지 책이 그를 화학으로 이끌었다.

그는 전문가 독자가 아니면 최소한 화학 교육을 어느 정도 받은 사람을 위한 토머스 톰슨의 네 권짜리 책 『화학의 체계』(1807)를 손에 넣었다. 이 책은 모든 원소는 동일한 무게의 아주 작은 입자로 구성된다는 존 돌턴의 유명한 원자 이론을 최초로 설명한 인쇄본으로 유명했다.

프리스틀리 (1733~1804)
영국의 화학자 · 신학자 · 목사. 목사로 재직하면서 대학에서 문학을 강의하였고, 산소, 암모니아, 염산 등을 발견하였다. 저서에 『교회사』, 『전기학의 역사와 현상』 등이 있다.

원자 이론은 확실히 초보자를 위한 주제는 아니었다! 그러나 제인 마셋이 쓴 이야기체의 대중적인 책 『화학에 관한 대화』(1806)는 전혀 달랐다.

이 책은 특별히 왕립연구소와 여러 장소에서 최신 유행하는 화학 강의를 들으려고 모인 새로운 일반 청중을 위해 쓴 것이었다. 마셋 부인의 책은 화학을 전기학에 연결하여 패러데이의 관심을 두 배로 끄는 장점을 가지고 있었다. 그는 정신없이 이 책에 빠져들었다.

시립철학회의 전기학 강의

와츠가 권고한 다른 행동 방침인 수업 참석은 패러데이가 쉽게 따를 수 있었다. 그 무렵 시립철학회라는 조직이 수업을 시작했다. 이 학회는 진보적이고 박애적인 은세공업자 존 테이텀이 1808년 설립했다. 그는 자기 개선을 추구하는 젊은이들이 강의를 들을 수 있도록 매주 수요일 도싯 거리에 있는 자신의 저택을 개방했다.

마이클 패러데이는 형이 지불한 수강증을 가지고 1810년 2월 이 단체에 가입했고 여기서 처음으로 과학 교육 강좌를 들었다. 그는 무서울 정도로 열심히, 맨 앞줄에 앉아 정성스럽게 필기했고 집에 돌아오는 즉시 더 깔끔하고 완전한 초고로 만들었다. 그런 다음에는 원래 그대로는 아니더라도 완전한 설명을 갖춘 세 번째 판을 만들었다.

테이텀이 중심 강사였지만, 때로는 학회 회원이 직접 선

제인 마셋은 『화학에 관한 대화』를 비롯해 교과서의 저자로 성공한 사람이었다. 젊은 마이클 패러데이는 이 책을 1810년에 처음 읽었고 여러 해 동안 탐독했다.

택한 주제를 발표하기도 했다. 이 기회는 이듬해 봄 패러데이에게도 돌아왔다. 그의 '전기학 강의'는 긴장된 말투에도 불구하고 빈틈없는 준비로 전기를 단일 유체로 보는 견해를 맹렬히 공격하면서 전체 과학계를 상대하려는 대담한 시도였다.

불완전한 교육을 의식한 패러데이는 자기 개선을 향해 한 걸음 더 나아갔다. 그는 시립철학회 사무관을 고용하여 작문 기술을 지도받았다. 가정교사는 나중에 회원제 런던 클럽 애서니엄(험프리 데이비와 마이클 패러데이가 설립을 지원함)의 사무관이 된 에드워드 마그라스였다.

수업은 1주일에 두 시간씩 거의 7년 동안 계속되었다. 시청 서기인 친구 벤저민 애벗과 긴 편지를 주고받는 과정에서 패러데이의 문장력은 더욱 발전했다. 그들은 개인적 신앙심뿐만 아니라 과학에 대한 깊은 애정도 함께 나눴다. 1812년 무렵 두 사람은 주로 애벗의 부모님 댁에서 자주 만났다.

전지의 발명

젊은 패러데이의 공부가 읽기와 쓰기만으로 이루어진 것은 아니었다. 그는 전기 연구를 포함한 간단한 실험을 시도하기 시작했다. 호박(琥珀)이라는 천연 물질은 특정 재료로 문지르면 지푸라기 같은 가벼운 물체를 끌어당긴다. 이 현상은 전기(호박을 뜻하는 그리스어에서 유래)라고 알려지게 되었으나 18세기까지는 마구잡이식으로 연구되었다. 전기를 발생시키는 많은 기계가 발명되었으며, 일반적으로 회전하는 유리 원통을 문지르는 방법을 사용했다.

1745년 무렵에는 라이덴 병으로 알려진 물병과 같은 다양한 장치에 전하를 저장할 수 있다는 사실이 알려졌다. 이 장치는 원시적인 축전기였다. 전기는 마찰로 생성할 수 있을 뿐만 아니라 구름(대기 전기), 특정 물질의 가열(열 전기), 다른 동물에게 충격을 주는 전기가오리와 같은 동물이나 어류(동물 전기)에게서도 얻을 수 있었다. 그러나 이 전기들이 모두 동일한 전기의 변종인지는 확실치 않았다.

이 모든 현상은 나중에 '정전기'로 알려졌지만, 17세기에는 전기도 흐를 수 있다(노끈이나 금속 전선을 따라)는 사실이 밝혀졌다. 이것은 '전류'로 알려지게 되었다.

마이클 패러데이가 태어난 1791년에 의학자 루이기 갈바니는 우연히 금속 격자에다 개구리를 핀으로 고정시켜 해부한 다음, 황동과 같은 다른 금속을 가져다 대면 죽은 개구리의 몸이 씰룩거리는 현상을 발견했다. 벼락을 맞을 때와 비슷하게 몸이 움직였으므로, 어떤 식으로든 전기가 원인이 되었을 거라고 생각했다.

이 개념에 따라 이탈리아의 동료 과학자 알레산드로 볼타는 경련을 일으킨 전기가 두 가지 다른 금속과 습기 있는 물질이 동시에 접촉한 결과라고 결론지었다. 그의 생각은 옳았다.

그는 은, 아연, 젖은 판지로 만든 원반을 겹겹이 쌓아 올

갈바니 (1737~1798)
이탈리아의 의학자. 동물 전기의 존재를 발견하여 볼타 전지 발명의 기초를 이루었다.

리고 맨 아래 아연 원반에서 맨 위 은 원반으로 전선을 연결하여 전류를 얻었다. 그는 최초의 전지를 발명했으며, 데이비는 그가 "유럽의 모든 실험에 경종을 울렸다"고 인정했다.

몇 개월 후 영국의 윌리엄 니콜슨과 앤터니 칼라일은 이 연속 전류가 통과할 때 수성 용액을 분해할 수 있다는 사실을 밝혀냈다. 그들은 전기 분해를 발견했던 것이다.

제본소를 떠나 과학의 세계로

이들의 노력에 호기심을 가진 젊은 마이클 패러데이는 간단한 장비조차도 구하기 어려웠지만 오랫동안 저축하여 폐품가게에서 병 두 개를 샀다. 이 병으로 그는 라이덴 병과 발전기를 만들었다. 나중에 그는 리보의 허락을 받고 작업실 하나를 야간에 실험실로 썼으며, 화덕을 임시 '화로'로, 벽난로 선반을 '실험대'로 사용했다. 이곳에서 패러데이는 알레산드로 볼타의 방법에 따라 볼타 전지를 만들었다.

이 전지로 몇 가지 간단한 실험을 하면서 그는 발견의 기쁨에 감격했지만 이것은 앞으로 다가올 훨씬 더 흥미진진한 일의 불씨에 불과했다.

그는 자신의 '실험실'에만 관찰력을 묶어 두지 않았다. 여가 시간에는 집 밖으로 자주 나가서 산업의 변화 과정을 부지런히 조사했다. 특히 당시 식수 처리를 위해 개발되고

볼타 전지

18세기 말까지만 해도 전기는 눈에 보이지 않고 무게가 없는 신비스러운 액체라고 여겼다. 그러나 1800년 이탈리아의 볼타는 묽은 황산 용액에 구리판과 아연판을 넣고 도선으로 연결하면 두 금속 사이에 전류가 흐른다는 사실을 이용해 최초의 전지를 발명했다. 이것을 '볼타의 전지' 또는 '볼타의 전퇴'라고 한다.

젊은 시절 패러데이는 이 마찰 전기 장치를 조립했다. 이것은 그 시대에 전형적인 장치였다. 회전 유리 원통에 가죽 패드를 문지르는 작용은 전기 불꽃과 전기 충격을 일으키기에 충분한 정전기를 발생시켰다.

있던 런던 도심의 다양한 시설을 관찰했다.

패러데이는 제본보다는 과학에서 직업을 찾고 싶은 마음이 점점 더 커졌다. 리보와 함께 보낸 도제 생활은 큰 도움이 되었지만 그는 더 넓은 세계를 희망했다. 여러 해가 지나 그는 "악의적이고 이기적인 상업에서 탈출하여 연구자를 상냥하고 관대하게 만드는 과학의 세계로 들어가고 싶은 나의 소망"에 대해 썼다.

샌더맨 자신은 과학에 우호적이었지만, 이와 같은 이상주의는 분명히 샌더매니언 교리에서 나온 것이 아니다. 아마도 패러데이가 대도시에서 영리 위주의 생활을 보면서 느꼈던 환멸이 반영되었을 것이다. 그러나 동기가 무엇이었든 간에 그는 제본업계를 떠나기로 결심했다.

데이비의 실험을 기록하다

그는 일찍부터 몇 가지 실망스러운 일을 맞닥뜨렸다. 아마도 가장 화나는 일은 왕립학회 회장 조셉 뱅크스 경에게 필사적인 심정으로 써서 보냈던 편지의 결말이었을 것이다. 패러데이는 보잘것없는 직책이라도 좋으니 어떤 일자리든 달라고 요청했다. 하지만 거듭된 노력에도 불구하고 패러데이는 간단한 회신조차 받지 못했다.

그 무렵, 처음에는 패러데이에게 더 많은 좌절을 가져다주었지만 결국에는 그를 과학계로 이끈 사건이 일어났다.

1811~12년 무렵의 어느 겨울, 리보는 우연히 아름답게

새겨진 패러데이의 노트를 한 고객에게 보여 주었다. 깊은 감명을 받은 그는 왕립연구소 회원이자 음악가인 자신의 아버지 윌리엄 댄스에게 노트를 보여 주었다. 그 결과, 패러데이는 왕립연구소의 인기 강사이자 젊고 의욕적이고 활력적인 험프리 데이비의 화학 강의를 들을 수 있는 수강증을 받았다.

데이비의 카리스마와 화려한 어법은 시립철학회의 창립자 존 테이텀의 가치 있는 노력과 큰 차이가 있었지만, 그가 시립철학회에서 필기한 경험은 많은 도움이 되었다. 마침내 패러데이는 장치 및 실험 도표를 갖춘 386페이지짜리 훌륭한 책을 만들어 냈다. 염소의 특성에 대한 데이비의 견해에 마음을 사로잡힌 패러데이는 이처럼 매혹적인 과학의 세계에 참여하겠다는 희망을 어느 때보다 굳게 가졌다.

이 강의 직후, 그 무렵 기사 작위를 받은 데이비는 삼염화질소 실험 중 발생한 폭발 사고로 부상을 입었다. 하마터면 시력을 잃을 뻔한 사고였다. 그는 치료를 받는 동안 자신의 실험을 기록할 사람이 필요했고, 젊은 마이클 패러데이를 고용했다. 아마도 댄스의 추천을 받았을 것이다. 하지만 데이비는 패러데이에게 왕립연구소의 일자리를 약속하면서 제본 일을 그만두지 말라고 충고했다.

데이비의 조수가 된 패러데이

데이비의 대필 작업은 단지 며칠밖에 지속되지 않았으나 패러데이는 제본 기능공이 되는 길로 다시 돌아가고 싶지 않았다. 그는 마지막으로 한 가지 대담한 행동을 하기로 결심했다.

1812년 12월 말, 패러데이는 데이비에게 도움을 구하는 편지를 썼다. 그리고 그해에 데이비의 4회 강의를 직접 필기하여 제본한 책을 동봉했다.

데이비는 크리스마스이브에 답장을 보냈다.

귀하께서 자신 있게 보내 주신,
대단한 열의와 기억력과 주의력을 보여 주는 증거 자료에
저는 무척 만족스럽습니다.
저는 도시를 떠나 1월 말까지 돌아오지 않을 예정입니다.
그 이후에 언제든 희망하는 시간에 만나 뵙겠습니다.
귀하에게 도움이 된다면 저에게도 기쁜 일이 될 것입니다.
능력이 닿는 한 도와 드리고 싶습니다.
H. 데이비로부터

몇 주가 지난 어느 날 저녁, 화려한 제복을 갖춰 입은 데이비의 하인이 문 앞에서 패러데이를 기다리고 있었다. 그가 다음 날 아침 패러데이가 왕립연구소에 출석하기를 바란다는 험프리 데이비 경의 전갈을 전했을 때 젊은이는 깜

짝 놀랐다. 이 행운을 믿을 수 없었지만 젊은 제본공은 다음 날 약속을 지켰다.

데이비는 말다툼 많은 실험실 조수를 해고해 왕립연구소에 자리가 비었다고 말했다. 그리고 연료와 조명이 딸린 왕립연구소의 방 두 개에서 하숙하면서 주당 1기니를 받는 조건으로 패러데이에게 일자리를 제안했다. 당연히 패러데이는 이 기회를 흔쾌히 받아들였고 1813년 3월부터 일을 시작했다.

말싸움 잘하는 실험실 조수는 무심결에 패러데이와 데이비뿐만 아니라 과학계 전반에도 지대한 공헌을 한 셈이다.

THE ROYAL INSTITUTION O

4

평생을 바친 왕립연구소 생활

미국인 아마추어 과학자 벤저민 럼퍼드 백작은 모든 사회 계층에 과학 지식을 전파할 목적으로 1799년 왕립연구소를 설립했다. 그러나 험프리 데이비의 유명한 강연이 런던 상류사회의 엘리트층을 끌어들이면서 이 박애 정신은 급속히 사라졌다.

잊을 수 없는 5주에서 6주 동안, 마이클 패러데이는 험프리 데이비 경 밑에서 그의 연구를 도왔다. 그에게 맡겨진 일상적인 직무 중에는 이미 데이비를 맹인으로 만들 뻔한 삼염화질소 화합물을 대량으로 준비하는 일도 있었다. 예상대로 패러데이의 손에서 화합물이 폭발했지만 마스크를 쓰고 있었기 때문에 부상은 비교적 가벼웠다.

화학 지식이 급속도로 성장하다

한편 데이비의 마음은 왕립연구소의 연구에서 벗어나기 시작했다. 사교계의 명사이자 낚시 애호가이며 콘월 출신인 그는 대규모 연회 모임을 만들어 콘월로 낚시를 떠났다. 고향 지역의 풍부한 광물 자원을 탐사하기 위한 목적도 조금은 있었다.

이때부터 그는 새 아내의 만족할 줄 모르는 욕망, 그리고 자신의 지식에 대한 갈망과 허영심을 만족시키기 위해 긴 유람을 시작했다. 그 무렵 널리 알려진 명성 덕분에 가는 곳마다 쏟아진 칭찬과 관심에 틀림없이 그는 즐거웠을 것이다.

왕립연구소에서 10년 동안 강의한 후 데이비는 이제 새로운 삶을 시작할 때라고 결심했다. 따라서 패러데이를 조수로 고용한 지 6주가 지났을 때 그는 왕립연구소 교수직을 사임하고 명예 교수가 되었다. 이전에 런던 여러 곳에

영국의 풍자만화가 제임스 길레이가 그린 이 시사만화는 새로 발견한 아산화질소 또는 웃음가스에 대한 험프리 데이비(책상 뒤 오른쪽)의 왕립연구소 강의를 묘사하고 있다. 분명히 모두가 유쾌한 시간을 보내고 있었을 것이다.

서 화학을 가르쳤던 윌리엄 브랜드가 그의 뒤를 이어 화학 교수가 되었다.

데이비가 콘월 여행을 떠난 후, 패러데이는 몇 주 동안 강의에 참석하면서 이 교육 수단을 가장 효과적으로 이용해 자신의 독자적인 견해를 형성해 나갔다. 이제 데이비보다는 오히려 브랜드의 감독을 받았지만 여전히 그는 왕립 연구소의 일을 계속했다. 패러데이의 화학 지식은 급속도로 성장하고 있었다.

과학의 기초를 다진 프랑스 여행

데이비가 런던에 돌아왔을 때 확실히 그는 야심 찬(그보다는 오히려 엉뚱한) 계획을 세워 두고 있었다. 영국이 프랑스와 격렬한 전투에 참가하고 있음에도, 그는 패러데이에게 적군의 영토 심장부로 가는 유럽 여행을 제안했다.

주로 화산 활동을 어떤 식으로든 화학 반응으로 설명할 수 있다는 논제를 확립하기 위해 그는 프랑스 남부와 이탈리아 북부 산악 지역 오베르뉴의 화산을 조사하고 싶어 했다.

몇 년 전 이 생각에 감명을 받은 나폴레옹 황제는 교전이 한창일 때도 프랑스를 자유롭게 통과할 수 있는 통행 허가증을 데이비에게 주었다. 데이비는 패러데이에게 자신의 조수로 그와 그의 아내와 동행할 것을 부탁했지만 그의 임무는 곧 커졌다.

마지막 순간에 데이비의 시종은 그의 아내의 염려로 여행을 거절했다. 그래서 패러데이가 마지못해 시종의 책임도 맡게 되었지만, 데이비는 그것이 파리에서 전임 시종을 찾을 때까지 임시책일 뿐이라고 약속했다.

1813년 10월 13일에 그들은 플리머스 항구를 향해 출발했다. 이곳에서 영국 해협을 건너 프랑스로 향할 예정이었다. 런던에서 20킬로미터 이상 나가 본 적이 없어서 지형을 잘 알지 못했던 패러데이는 실제로 언덕에 불과한 데번셔 '산맥'을 보고 경탄했다. 그는 이번 탐험 여행이 전부 '색다른 모험'이 될 것이라고 확신했다.

브르타뉴에 도착했을 때 패러데이는 세관원의 횡포에 격분했다. 깐깐한 세관원은 데이비의 마차에서 밀실을 수색하고 여행 가방을 엄밀하게 조사하고 전신 몸수색을 반복했다. 마차 부품을 다시 짜 맞추는 일도 그렇지만 주방이 눈에 띄게 더러웠다. 그럼에도 프랑스 지방의 음식 맛만큼은 일류급이었다. 이 점에 대해 패러데이는 접시가 "식탁 위에 있는 동안 요리나 부엌에 관한 모든 생각을 떨쳐 버리게 된다"고 말했다.

파리에 도착하자 상황이 좋아져 패러데이는 관광을 하면서 시간을 보낼 수 있었다. 그는 평소처럼 열심히 기록했다. 또 그는 꾸준히 일기를 썼고 끊임없이 고향으로 편지를 보냈다. 샌더매니언 신앙을 가진 그는 노트르담과 같은 대성당의 장엄한 기품을 좋아하지 않았을 것이다. 실제로 그는 이 건물에 거부감을 느껴서 자신이 '안목 없는 이

1813년 대륙 여행에서 패러데이와 데이비는 뜨거운 용액에서 설탕을 결정화하는 프랑스의 설탕 공장을 방문했다.

교도' 같다는 생각이 들었다. 이것은 남편이 고용한 프롤레타리아 젊은이에게 인내심과 동정심을 거의 갖지 않은 데이비 부인이 그에게 던질 법한 말이었지만, 실제로 그가 직접 한 말이었다. 다행히도 과학은 꼭 필요한 때에 기분 전환이 되어 주었다.

요오드 화학 실험

11월 13일 가장 먼저 방문한 곳은 설탕 공장이었다. 여러 해 동안 영국의 봉쇄로 서인도 제도에서 들어오는 사탕수수 설탕의 공급이 중단되었고 1811년 이후에는 사탕무가 프랑스에서 대체 공급원으로 재배되었다. 그 무렵에는 매년 약 1,500톤의 농작물이 생산되고 있었다.

과거에 왕립연구소에서 패러데이가 맡은 첫 번째 과제는 비트 뿌리에서 설탕을 추출하는 것이었다. 이제 그는 그것이 산업 규모로 진행되고 있는 현장을 눈으로 확인할 수 있었다.

더 즐거운 일들도 뒤따랐다. 패러데이는 프랑스어에 익숙하지 않았기 때문에 발표 내용을 이해하기 어려웠지만, 그들은 유명한 화학자 조셉 루이 게이뤼삭의 강의에도 참석했다. 데이비는 수많은 화학 약품과 플라스크나 취관 같은 몇 가지 간단한 장치가 담긴 휴대용 실험 도구(당시에는 일반적인 장비)를 가져왔다. 그는 기회가 있을 때마다 이 도구들을 사용했다. 호텔 방이나 그에게 편의를 제공하는 모

게이뤼삭 (1778~1850)
프랑스의 화학자 · 물리학자. '기체 반응의 법칙'을 발견하였으며, 황산 제조법에서 가스 속의 질소 산화물을 회수하기 위하여 마련한, 원통형에 납을 입힌 탑인 '게이뤼삭탑'을 발명하였다.

취관
취관염을 만드는 데에 쓰는 놋쇠로 만든 엘(L)자형 기구. 한쪽 끝을 불꽃 속으로 넣고 다른 쪽 끝에서 공기를 불어 넣는다.

패러데이는 1814년 데이비와 함께 제노바에 있을 때 관찰한 물기둥(바다 위의 토네이도와 같은 모양)을 일기에 스케치했다.

든 실험실에서도 사용하곤 했다.

11월 23일 데이비는 전기학 연구로 유명한 프랑스인 앙드레 마리 앙페르를 포함해 방문객 몇 명을 맞이했다. 그들은 짙은 색 결정성이면서도 열을 가하면 보라색 증기로 쉽게 변하는 새로 발견한 물질을 가져왔다. 발견자 베르나르 쿠르투아는 이 물질과 염소 간의 유사성을 확신했다. 아마도 이 물질이 염소가 된다?

며칠 동안 데이비는 오텔데프렝스의 자기 방에서 실험한 후 이 물질은 염소를 갖고 있지 않지만 많은 면에서 염소와 유사하다는 결론을 내렸다. 따라서 데이비는 이 물질이 틀림없이 새로운 원소일 거라고 확신했으며 보라색을 뜻하는 그리스어를 써서 '요오드'라고 이름 지었다.

세계 선두의 유럽 과학자들과의 만남

다음 방문지는 파리 근처의 퐁텐블로, 오베르뉴, 지중해 연안 몽펠리에였다. 여기서 데이비는 요오드를 검출하려는 희망으로 한 달 동안 해초를 부지런히 분석했다. 니스를 방문한 후 불안한 상태에 있는 알프스 남부를 가로질러 제노바에 도달했고 결국 플로렌스에 도착했다.

이 모든 여행에서 마이클 패러데이는 님의 고고학, 한랭한 기후 조건, 도로에 따른 지질학적 형성, 산길에서 본 풍경과 같은 모든 것을 관찰하고 끊임없이 기록했다. 하지만 그는 데이비가 좋아하는 시적인 문체보다는 오히려 산문체

알레산드로 볼타는 이 볼타 전퇴 또는 전지를 패러데이에게 선물했다. 1800년 볼타는 은, 아연, 축축한 판지로 만든 원반을 교대로 쌓아 올린 원기둥에서 연속적인 전류가 산출된다는 사실을 발견했다.

로 썼고, "고지에서 보는 풍경은 매우 특이했으며 웅장함이 거대한 넓이에서 나온다면 그것은 매우 웅장했다"와 같은 사실적 논평에 만족했다.

제노바에서 두 사람은 전기 충격을 관리하는 능력 때문에 오늘날 전기가오리로 더 잘 알려진 물고기 시끈가오리에 대한 실험으로 화학 실습을 계속했다. 그 다음에는 플로렌스로 이동하여 비용이 많이 드는 다이아몬드 연소 실험을 실시했다.

플로렌스의 실험아카데미에는 대형 화경 또는 볼록렌즈가 있었다. 이 렌즈를 사용하여 태양 광선을 집중시키는 방식으로 데이비는 다이아몬드를 이산화탄소로 연소시켰으며, 따라서 다이아몬드가 실제로 탄소 원소의 한 형태라는 사실을 확증했다.

1814년 무렵, 일행은 교황 비오 7세가 망명지에서 로마로 귀환하는 장면을 목격했고 나폴리로 여행하는 도중에 조용히 연기를 피우고 있는 베수비오 산에 올랐다.

그들이 방문한 이탈리아 도시 중에는 파비아도 있었다. 여기서 데이비와 패러데이는 생존하는 최고의 전기과학 전문가 알레산드로 볼타와 시간을 보냈다.

또 그들은 제네바에서 3개월의 휴가를 즐겼다. 여기서 패러데이는 물리학 교수 오귀스트 드 라 리브를 만났다. 이때부터 그들은 많은 서신을 주고받으며 평생 동안 우정을 지속했다. 패러데이의 만찬 참석을 반대하는 의견이 나왔을 때 드 라 리브는 패러데이의 합석을 허락하지 않으면 특별히 그를 위해 일행을 나누겠다는 말로 맞섰다고 전해진다.

오스트리아 티롤에서 휴양을 더 즐긴 후, 일행은 겨울을 보내기 위해 이탈리아로 돌아갔다. 그곳에서 데이비는 고대 유품의 화학적 분석을 계속했다. 특히, 일찍이 로마 황제의 예복을 염색할 때 사용했던 티리언 퍼플과 같은 염료를 분석했다.

데이비 부인의 무례

바로 그해 겨울 로마에서 패러데이는 철저하게 환멸을 느끼고 처음으로 여행에 반대 의사를 표현했다.

여기에는 많은 이유가 있었다. 그는 이탈리아어와 프랑스어를 모두 못 했다. 이탈리아의 가톨릭 신앙은 그의 샌더매니언 신앙과 전혀 양립할 수 없었고, 그는 동료 신도들과 어울리고 싶은 마음이 간절했다. 데이비는 약속과는 달리 그를 대신할 시종을 찾지 않았으며 예의 바른 패러데이조차도 명백한 신분 하락의 모욕에 분개했다.

그러나 무엇보다도 문제는 제인 데이비에게 있었다. 패러데이는 그녀가 "지나칠 정도로 도도하고 거만하며 아랫사람에게 자신의 권력을 과시하기를 즐긴다"고 묘사했다. 그녀가 남편의 '시종'을 공격할 때 데이비는 자신의 '조수'를 옹호할 의지도 힘도 없었다. 항상은 아니지만 자주, 패러데이는 자신의 유머 감각 덕분에 증오를 떨쳐 버릴 수 있었다. 벤저민 애벗이 이야기하는 다음과 같은 일화에서 당시 상황을 엿볼 수 있다.

제노바 만에서 보트를 타고 있을 때 갑자기 폭풍(그곳에서는 드문 현상)이 불어와 그들은 잠시 동안 위험에 빠졌다…… 그녀(데이비 부인)는 너무 놀라 거의 기절할 뻔했고, 그 결과 말을 멈췄다. 이것은 그에게 너무도 큰 휴식이어서 그는 완전한 평온을 누렸고 잠시 동안이나마 이 상태를 일으킨 원인이 전혀 유감스럽지 않았다고 〔패러데이가〕 내게 말했다.

원래는 콘스탄티노플로 이동할 계획이었지만, 아마도 이 위기 때문인지 데이비는 영국으로 돌아가기로 결심했다. 몰타와 지중해 동부에 새로 발생한 역병과 나폴레옹의 엘바 섬 탈출 후 정치적 불안정도 문제였다. 패러데이는 커다란 안도감을 느끼며 고향에 편지를 썼고, 1815년 4월 23일 일행은 런던에 도착했다.

이 여행은 패러데이에게 지울 수 없는 흔적을 남겼다. 외국 여행은 완전히 새로운 경험이었고 그의 정신세계를 넓혀 주었다. 과학적 또는 역사적으로 중요한 현장을 방문하는 것은 그 자체로 산교육이었다. 세계 선두의 유럽 과학자들과 직접 만날 수 있는 진기한 기회도 있었다. 시종이 되는 고역과 데이비 부인의 속물적 언행에도, 패러데이는 험프리 데이비 경에게 무한히 감사했으며 그 이후로도 그에게 불리한 말은 전혀 들으려 하지 않았다.

왕립연구소의 조수로 고용되다

이 '개선'을 고통스럽게 얻었기 때문에, 1815년 5월 실험실 장비와 광물학 소장품의 관리자 겸 조수로 왕립연구소에 다시 고용되자 패러데이는 무척 기뻤다. 많지 않은 급료 인상(주당 30실링)과 앨버말 거리의 왕립연구소 건물 꼭대기에 있는 숙박 시설(감독관의 관저가 되기 전)은 비록 새 직위가 나타내는 수준에는 적당하지 않았지만 그는 만족했다. 그는 실험실과 실험 장비의 관리를 책임지는 한편, 왕립연구소 회원들을 위해 분석 업무와 그 밖의 과학적 업무를 수행해야 했다.

이 지위는 평생 동안 지속된 패러데이와 왕립연구소의 관계를 굳건히 연결해 주었다. 이 관계는 과학자로서 미래의 성공에 큰 도움이 되었다. 실험실, 조수, 도서관, '작업실 위층' 아파트가 모두 제공되는 연구의 관점에서 볼 때, 그가 타고난 성향에 따라 거의 40년을 보낼 기회를 주는 장소는 이곳밖에 없었을 것이다. 게다가 전임자와는 달리, 그는 교수직에 구애받지 않았고 왕립연구소의 정기 강의 외에는 어느 정도 마음대로 연구할 수 있었다.

그뿐 아니라 왕립연구소는 여러 해 동안 패러데이에게 당대 선두의 화학자를 개인 지도 교수로 제공했다. 그 사

험프리 데이비와 함께 한 유럽 여행 중에 패러데이는 한 친구에게 이렇게 썼다. "한결같은 험프리 데이비 경의 존재는 고갈되지 않는 지식과 개선의 보고이며, 이번 여행은 화학과 과학의 지식을 끊임없이 증진시킬 수 있는 다시없는 기회이므로 나는 험프리 데이비 경과 이번 여정을 끝까지 같이 하기로 결심했습니다."

람은 물론 험프리 데이비 경이었다. 그들의 관계는 나중에 데이비 쪽의 적대와 질시로 악화되었지만, 패러데이에게 올바른 방향을 알려주고 실험 기술을 가르쳐 주며 타고난 깔끔한 습관을 유지하도록 격려하고 대중적인 과학적 교류의 본보기를 보여 준 사람은 다른 어떤 사람보다도 바로 데이비였다. 왕립연구소와 데이비의 지도는 마이클 패러데이의 과학적 성장을 이끈 주요 요소였다.

왕립연구소의 바쁜 나날들

왕립연구소는 세 영역으로 이루어져 있었다. 지하실에는 패러데이가 젊은 시절을 보낸 방이 두 개 있었다. 뒤쪽에는 한때 주방이 있던 작은 계단식 강의실로 연결되는 유명한 화학 실험실이 있었다. 지하실 앞에 옛날 하인 숙소 자리에는 결국 패러데이의 자기(磁氣) 실험실이 된 방이 있었다. 이 방은 한때 개구리 집단 서식지였기 때문에 '개구리 양식장'으로 알려진 작은 지하실로 연결된다. 지하층 방에는 자연광이 거의 들어오지 않았으므로 가스등이 주요 광원이었다. 따라서 자기 실험실은 '패러데이의 암실'로 알려지게 되었다.

1층에는 현관 마루, 회원용 대화실, 그 밖에도 방이 한두 개 더 있었다. 여기서 웅장한 계단을 지나 2층으로 올라가면 격조 높은 도서관과 유명한 계단식 강의실 입구가 나타난다. 마지막으로 감독관이 사는 맨 위층이 있었다.

지하실이 엄격한 개인 연구실이고 맨 위층이 감독관의 개인 숙소였다면 1층과 2층은 주로 공용 영역이었다. 일반 대중들이 데이비와 패러데이와 그들의 오랜 계보를 잇는 후계자들을 만난 장소도 바로 계단식 강의실이었다. 일부의 추측과는 달리, 패러데이는 이 세 '세계'에서 각각 다르게 행동했을지라도 그는 항상 동일한 가치를 지닌 동일한 사람이었다.

1816년부터 패러데이는 달갑지 않은 침입을 받지 않아도 되는 건물 꼭대기에서 살았다. 친구도 부족하지 않은 편이었는데 대부분은 시립철학회에서 만난 사람들이었다. 벤저민 애벗과 주고받은 서신으로 판단해 본다면, 그는 너무 바빠서 외로울 틈이 없었으며 저녁 초대에 응할 시간도 없었다.

그는 일요일에 정기적으로 만나는 어머니, 형, 누나, 여동생과 가깝게 지냈다. 아직 회원은 아니었지만 마이클 패러데이는 어린 시절 습관대로 폴스앨리에 있는 샌더매니언 교회에 계속 다닌 것으로 보인다. 그는 매주 성서 낭독과 해설을 듣고 찬송가를 따라 불렀다. 아마도 자기도 모르는 사이에 점차 그는 그들의 가치를 자신의 가치로 받아들이고 그들의 공동체에 깊이 동화되었을 것이다.

사라와 사랑에 빠지다

패러데이 가정의 사적 세계는 교회의 사적 세계와 빈틈

없이 융화되었다. 샌더매니언 집회 회원이며 패러데이보다 아홉 살 연하인 은세공업자의 딸 사라 바너드와 사랑에 빠졌을 때 그의 삶은 갑작스럽게 변했다. 처음에 패러데이는 연구에 집중하지 못할 것이라는 이유로 결혼에 대한 생각을 거부했다. 이 주제에 관해 노골적인 시를 지을 정도였다.

인간 생활의 해충과 역병은 무엇인가?
그리고 흔히 아내가 생기는 저주는 무엇인가?
바로 사랑이다.
남자의 가장 확고한 정신을 파멸시키는 힘은 무엇인가?
정신의 숙주를 속여 너무도 친절하게 만드는 것은 무엇인가?
거짓되고 기만적인 외관으로 나타나
전에 현명했던 사람들을 우둔한 바보로 만드는 것은 무엇인가?
바로 사랑이다.

그러나 사라를 사랑한다는 것을 깨달았을 때 결혼에 대한 패러데이의 불신은 사라졌고 평소 과학 연구에 쏟는 열성으로 그녀를 따라다녔다.

그의 노력은 마침내 성공하여 1821년 6월 12일 두 사람은 결혼했다. 당시 모든 영국인의 결혼은 영국 국교회 성직자의 인가를 받아야 했으므로 패러데이는 어쩔 수 없이 런던 시 세인트페이스 교회에 참석했다. 여기서 종교적 예식은 없었지만 그들의 결혼은 정식 등록되었다.

행복한 결혼 생활을 시작하다

패러데이 부부의 결혼 생활은 지극히 행복했다. 결혼 초기에 마이클이 사라에게 보낸 편지에서 모든 것을 알 수 있다.

지금은 일을 잠시 제쳐 놓아야 합니다. 지루하고 사소한 일이 지겨워 당신에게 사랑을 이야기하고 싶습니다. 물론 다른 어느 때보다도 당연합니다…… 소중한 사라, 진심으로 서로 사랑하는 두 마음이 느끼는 행복을 시인은 묘사하고 화가는 그리려 할 것입니다. 그러나 그들의 노력도, 실제로 느껴 본 적 없는 어떤 사람의 생각과 상상도 그 행복에 미치지 못합니다. 나는 그 행복을 느꼈고 지금도 느끼지만, 나도 다른 어떤 사람도 묘사할 수 없습니다. 그럴 필요도 없습니다. 우리는 행복하며, 하나님은 우리가 행복해야 할 수천 가지 이유로 우리를 축복해 주셨습니다. 오늘 밤은 이만 안녕히……

결혼식 며칠 후, 패러데이는 아내가 2년 먼저 가입한 샌더매니언 교회에서 회원 자격을 얻으려 했다. 사라가 왜 입교에 대해 이야기하지 않았느냐고 물었을 때 그는 "나와 하나님 사이의 일"이라고 대답했지만 결혼이 계기가 되어 행동에 나섰을 것이다. 어떤 점에서는 어린 시절부터 몸에 익은 행동의 자연스러운 결과였으며, 패러데이에게는 대단히 중요한 일이었다.

"진리를 이해하고 믿으며 그리스도께서 명령하신 것은 무엇이든 하겠다는 의지를 표현"함으로써 그는 안수와 성스러운 입맞춤과 작은 신도 모임의 진심 어린 환영을 받았다. 사라와 함께하는 행복한 결혼 생활과 매주 샌더매니언 교회를 방문하는 일은 평생 동안 그에게 든든한 버팀목이 되어 주었다.

그의 친구 존 틴들은 패러데이가 주중에 보여 주는 무한한 에너지와 힘은 '일요일 예배'에서 나온다고 말하면서 "그는 일요일에 다음 일주일을 위해 영혼을 새롭게 하는 샘물을 마신다"고 덧붙였다.

5 화학 실험에 매료되다

왕립연구소에 입소한 직후, 눈부신 경력을 시작할 당시의 젊은 마이클 패러데이.

1810년대 왕립연구소는 화학이라는 한 가지 과학으로 유명했다. 이 주제는 시립철학회에서 처음으로 패러데이의 상상력에 불을 붙인 것이기도 했다. 자신은 '자연철학자' 라는 옛 이름을 더 좋아했지만, 패러데이가 과학계에서 처음으로 주목을 받은 것은 실제로 화학을 통해서였다. 왕립연구소의 강력한 화학적 전통 외에도, 패러데이가 화학에 빠져 든 몇 가지 다른 이유가 있었다.

두 번의 화학 혁명

1815년 무렵 화학은 상당히 유동적인 주제였다. 지난 40년 동안 화학은 한 번도 아니고 두 번이나 대규모 전환을 겪었다. 전통적으로 '화학 혁명' 이라고 알려진 첫 번째 사건은 프랑스인 앙투안 라부아지에의 연구와 관련되었으며, 화학 원소라는 과학적 단위를 재정의했다.

그 후 곧 존 돌턴은 각 원소가 동일한 무게의 원자로 구성되며 모두 서로 동일하지만 다른 물질의 원자와는 다르다는 이론을 제안했다(처음에 패러데이는 이 이론에 대한 데이비의 회의론에 공감했다).

화학의 기본 원칙에 관해 새로운 사실이 밝혀진다면, 분필부터 설탕까지 일상에 쓰이는 다양한 물질의 성분을 확인하는 작업에서 많은 진보를 기대할 수 있었다.

첫 번째 화학 혁명에 따라 물질에 관한 진리를 발견할 수 있는 가능성은 패러데이의 샌더매니언 신앙에 강력히

호소했을 것이다. 이 신앙은 우주의 법칙을 통해 신의 섭리와 과학적 정밀성을 드러내는 우주에 자신을 맡기는 것이기 때문이다.

두 번째 화학 혁명은 부분적으로 첫 번째에 영향을 받았지만 완전히 달랐다. 단기적으로 이 혁명은 라부아지에나 돌턴이나 심지어 데이비의 생각보다도 사회에 훨씬 더 중요한 결과를 가져왔다. 이것은 제한적이긴 하지만 새로운 방식으로 화학 법칙을 산업 혁명의 대규모 상품 생산에 적용하는 것이었다.

인간의 이익을 위한 과학

19세기 초 영국 북부 전체에 급격히 늘어난 대규모 방직 공장은 대량의 비누(원자재와 제품을 세척하기 위해)와 유리(낮에 환한 햇빛을 이용하기 위해)를 필요로 했다. 이 두 가지 재료는 그 무렵 그 자체로 대량 생산 제품이 된 소다로 만들었다.

소다를 만들려면 소금, 석회석, 황산이 필요했으며, 영국 전역에 방대한 소다 공장이 생겨났다. 원소 염소는 각 공장에서 매일 생산되는 대량 직물의 표백에 대단히 효과적이라고 밝혀졌지만, 염소를 생산하려면 황산과 소금이 필요했다.

산업 혁명은 인류를 위해 화학을 이용할 수 있음을 보여준 두 번째 화학 혁명 덕분에 가능했다. 패러데이는 이 철학이 샌더매니언 신앙과 잘 맞는다고 생각했다. 그는 인간을 위해 내려 주신 '신의 선물', '우리를 위해' 작용하는 자연, 인간의 복지를 더하기 위한 과학 법칙의 적용에 대해 이야기했다. 진실로 그는 토목과 직물의 중심지로부터 멀리 떨어져 살았다.

그는 샌더매니언 신도와 마찬가지로 돈을 위해 돈을 버는 것을 경멸했다. 그리고 영혼의 이익을 신체의 이익보다 훨씬 더 가치 있는 것으로 생각했다. 그럼에도 그는 인간의 이익을 위해 과학을 이용하고자 노력했다. 1815년 가장 가능성 있는 과학은 화학이었다.

광부를 위한 안전등의 개발

왕립연구소의 실험 장비와 광물학 소장품 관리자 겸 조수로 임명된 것은 패러데이의 경력에서 큰 진전을 의미했다. 험프리 데이비 경의 지속적이고 면밀한 감독을 받는 혜택은 더 이상 없었지만, 다른 보상이 있었다. 그중에서도 특히, 그는 연구소 도서관에서 희귀본을 포함하여 상당히 많은 과학 서적과 정기간행물을 볼 수 있었다.

큰 포부를 가진 동시대 과학자들 중에서 실험실과 장비를 가진 사람은 많지 않았다. 뿐만 아니라 그는 강의에 참석하고 사람들을 만날 수 있었다. 이 모두가 이미 이루어지고 있는 자기 개선에 더 많은 자극을 주었다.

데이비는 더 이상 연구소 화학 교수가 아니었지만 초기

에는 패러데이에게 스승 역할을 계속했다. 유럽에서 돌아온 후 패러데이는 탄광 노동자용 안전등 연구에서 데이비를 돕는 과제를 받았다.

당시 광부들은 지하에 들어가 있는 동안 앞을 보기 위해 주로 양초를 사용했다. 그러나 불행히도, 탄광 안에 흔히 잠복해 있기 마련인 메탄가스는 불꽃과 접촉하면 폭발하는 공기 혼합물을 만들어 냈다. 이 가연성 때문에 비극적이고 치명적인 사고가 속속 생겨났다.

이 위험한 문제를 해결하기 위해 데이비와 패러데이는 1815년 말 몇 주 동안 혼신의 연구를 진행했다. 마침내 그들은 불꽃을 철망으로 덮으면 공기는 들어갈 수 있지만 불꽃은 주변 대기에 전달되지 않는다는 점을 밝혀냈다. 1816년에 그들은 후속 실험을 계속했다.

브랜드의 조수가 된 패러데이

전체 프로젝트는 많은 점에서 동시대를 훨씬 앞선 불꽃 전달과 기체 연소에 관한 초기 연구였다. 이 계획은 데이비에게는 대단히 체계적인 프로그램이었다. 패러데이는 이 연구에서 데이비를 많이 도왔으며, 연구의 질서정연한 특성은 아마도 그의 이런 노력으로 설명될 것이다.

실제로 그렇다면, 패러데이는 광부의 안전과 영국 광업의 발전에 지대한 공헌을 했을 뿐만 아니라 왕립연구소에서 연구 경력을 순조롭게 시작했을 것이다.

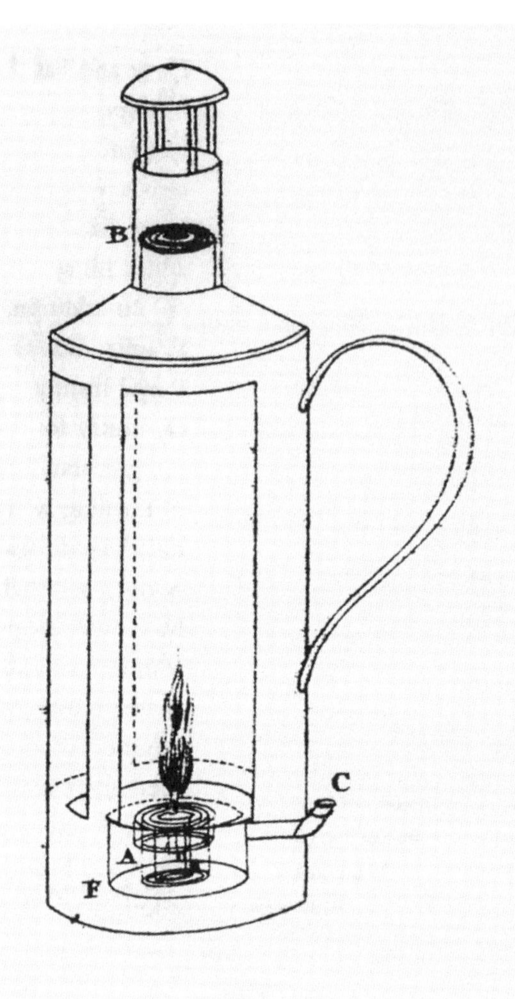

광부가 탄광 안에 들고 들어가는 등불에 가연성 기체가 점화돼 종종 불꽃이 일어났다. 이 위험을 막기 위해 험프리 데이비는 철망 창이 불꽃을 차단하는 안전등을 고안했다. 데이비는 발명품의 특허 취득을 정중히 거절했지만 수백 명의 생명을 구할 수 있었다.

데이비의 영향은 패러데이의 초기 화학 분석 노력에서도 쉽게 볼 수 있다. 1816년 그가 처음 발표한 논문에는 장기 유럽 여행 중에 데이비와 함께 했던 한 가지 실험의 결과가 자세히 기록돼 있다.

그것은 데이비와 패러데이가 토스카나의 온천에서 발견한 생석회라고 알려진 수산화칼슘의 분석이었다. 패러데이의 말에 따르면 "그것은 일반 대중과의 교류의 시작이었으며 그 결과는 매우 중요했다." 그는 데이비가 자신에게 이 프로젝트 연구를 지시했다는 점도 인정했다. 실제로 데이비는 패러데이의 분석을 바탕으로 자신의 결론을 추가했다.

뿐만 아니라 패러데이는 왕립연구소에서 데이비의 후임으로 화학 교수가 된 윌리엄 브랜드와 함께 연구를 계속했다. 브랜드는 연중 계속되는 의학생을 위한 화학 강의를 운영했고, 패러데이는 강의 실험 준비에서 그를 보조했다. 이것은 화학에서 효과적인 작용과 그렇지 않은 작용을 배우는 가장 좋은 방법이었다.

브랜드는 화학을 주로 다루는 〈과학문예지〉의 창립 편집자였다. 패러데이는 이 잡지의 편집을 도우면서 전 세계 화학자들의 많은 연구 논문을 폭넓게 읽었다. 게다가 대충 훑어본 것도 아니었다. 편집 작업을 하려면 모든 문장을 세심하게 비판적으로 읽어야 했으며, 따라서 실용적 기술뿐만 아니라 이론적 이해에서도 패러데이에게 도움이 되었다.

한편 젊은 조수는 도서관에서 다른 잡지도 열심히 읽으며 꼼꼼히 필기했다. 이 노트는 너무 방대해져서 결국 전직 제본공인 패러데이는 윌리엄 브랜드의 1819년 교과서 『화학 입문』의 사본을 뜯고 그 안에 자신의 노트를 끼워 넣은 후 세 권으로 다시 제본했다.

철광석, 강철, 구리 연구

1819년 7월 패러데이는 전혀 다른 종류의 과제로 전환했다. 그것은 웨일스 서부 다울레이스의 철공업자 게스트가 제공한 철광석의 분석이었다.

공장을 방문해 달라는 게스트의 초대를 받고, 패러데이와 친구 에드워드 마그라스는 웨일스로 도보 여행을 떠났다. 다울레이스에서 사흘을 즐겁게 보낸 후, 그들은 스완지 근처에 있는 비비언의 구리 공장을 방문하여 구리 야금학을 배웠다.

1818년부터 1822년까지, 패러데이는 연구소 회원인 제임스 스토다트의 강철 합금 연구를 보조했다. 칼 제조업자인 스토다트는 대장장이의 아들인 패러데이에게서 열성적인 협력자의 모습을 발견했다.

그들의 목표는 매우 높은 등급의 강철을 분석하여 실험실에서 재생하는 것이었지만, 패러데이가 1819년 웨일스 구리 공장을 방문하기 전까지는 100퍼센트 성공하기가 힘들었다.

This HOTEL is erected amidst the wildest and most magnificent scenery, on a precipice contiguous to the Devil's Bridge, commanding a view of the grand Cataract of the Rhydol and within hearing of the tumultuous falls of the Mynach.

HAFOD ARMS Hotel, DEVIL'S BRIDGE.

Height of the Cataracts. From the bridge to the water 114 feet; first fall 18 feet; second 60; third 20.

Grand Cataract 110 feet; total from the bridge to the bed of the river 322 feet.

Visitors may be accommodated with a Guide.

	£	s.	d.
Breakfast			
Dinner			
Tea and Coffee			
Supper			
Wine			
Negus—Punch			
Brandy—Rum—Gin			
Ale—Porter—Tobacco, &c.			
Cider—Perry			
Writing Paper			
Servants' Eating, &c.			
Hay and Corn			
Washing			
Farrier			
Fire in Bed-room			
Post Chaise			

Distant from Hafod 5 miles; from the Ruins of Strataflorida Abbey 9; Aberystwyth 12; from London 199 miles.

패러데이는 1819년 웨일스 도보 여행 기념으로 웨일스 서부 산악 지방에 있는 하포드암스 호텔의 카드를 보관했다.

구리 공장에서 그는 금, 은, 백금과 같은 귀금속을 추가하면 구리가 단단하게 굳어진다는 점을 관찰했다. 그는 이 관찰 결과가 철에도 똑같이 적용된다는 이론을 세웠다. 패러데이와 스토다트는 패러데이가 매우 높은 온도에 도달할 수 있도록 특수 설계한 용광로에서 금속을 녹여 강철과 철을 합금했다. 그러나 이 해결 방법은 아마도 완벽했겠지만, 귀금속의 비싼 가격 때문에 실용적이지는 않았다.

전문가 자격으로 법정에 서다

1819년 무렵, 패러데이는 영국 선두의 화학자로 명성을 얻었다. 그는 주로 자문을 의뢰받아서 점토, 합금, 그 밖의 물질을 분석했다. 그는 법정 사건에서 전문가의 증언을 요청받기도 했다.

첫 번째 사건은 1820년에 발생했으며 그는 데이비, 브랜드, 토머스 톰슨을 비롯해 여러 화학자들과 함께 런던 민사 법원에서 증언하도록 요청받았다.

법정은 화재로 건물이 파괴된 설탕 제조회사(원당 정제에 관련된 회사)의 사건을 심리하고 있었다. 패러데이는 배상 청구 지불을 거부하고 있는 보험회사를 위해 증언했다. 문제는 '화재 원인이 설탕 정제 과정에 사용된 기름의 발화인가, 아니면 설탕 자체의 발화인가' 였다.

보험회사의 주장에 따르면, 전자의 경우 회사가 이 위험을 보고하지 않았으므로 배상 청구는 부당했다. 설탕 제조

회사는 304도(℃) 이하에서는 기름에 불이 붙지 않는다고 단언했다. 패러데이는 많은 양의 기름을 조사한 후 상당히 낮은 온도에서도 기름이 발화할 수 있다는 점을 밝혀냈다. 그러므로 그는 기름이 실제로 화염의 실질적 원인일 수 있다고 결론지었다. 설탕 회사는 결국 사기에 대해 무죄 방면되었지만, 패러데이의 증언으로 손해를 입어야 했다.

이 사건은 세 가지 특징적인 문제를 부각시켰다.

첫째, 반대 증인이 제시한 논증을 타파한 것과 점점 높아지는 패러데이의 명성 때문에 아마도 데이비의 질투 어린 경쟁심이 늘어났을 것이다. 그들 사이의 균열은 이미 진행 중이었다.

둘째, 패러데이의 연구에는 기름을 가열하고 분해 산물을 관찰하는 과정이 관련되었으며, 그는 곧 이 과정을 다른 산물에 적용했다.

마지막으로, 이 사건은 당시 영국 사회에서 화학자의 낮은 신분을 드러냈다. 비용을 청구하려면 증인은 법조계, 의학, 교회와 같은 전문적인 신분이 있어야 했다. 그러나 법정은 '실험 수행'이라는 화학자의 업무가 단순 기계공과 마찬가지로 전문적이 아니라고 판결했으며, 따라서 데이비와 패러데이를 비롯해 여러 화학자들에게 비용을 지불하지 않았다.

이 법적 결정은 이후에도 여러 해 동안 지속되었다. 패러데이와 동료들이 1820~21년에 문제점을 부각시켰지만, 이 사건 이후 화학자의 전문적 신분을 법적으로 인정받기 위한 투쟁은 반세기가 훨씬 지나서야 비로소 승리를 거두었다.

기체 연구로 관심을 돌리다

1821년은 과학자로서 패러데이에게 전환점이 된 시기였다. 그는 실험을 통해 생물의 탄소 화합물과 기타 대부분의 탄소 화합물에 관련된 화학의 한 분야인 유기화학이라는 신생 과학을 포함하여 화학의 다양한 새 측면을 밝혀내기 시작했다. 예를 들어, 패러데이는 대부분의 비금속처럼 염소가 탄소와 결합하지 않는 이유를 궁금하게 여겼다. 그는 1821년부터 1822년까지 수많은 실험을 통해 그 답을 얻었다.

18세기 네덜란드의 화학자들은 에틸렌(C_2H_4)이 염소(Cl_2)와 반응하여 당시 '네덜란드 액체'로 알려진 물질($C_2H_4Cl_2$, 현재는 이염화에틸렌으로 알려짐)을 생성한다는 사실을 알아냈다.

패러데이는 이염화에틸렌을 과도한 염소에 노출시키면 수소가 모두 사라지고 탄소 과염화물(C_2Cl_6)이라는 물질이 산출된다는 점을 밝혀냈다.

빨갛게 달아오른 관으로 증기를 통과시키면 탄소 원염화물(C_2Cl_4)이라는 다른 탄소 화합물로 유도된다. 현재 사염화에틸렌으로 알려진 탄소 원염화물은 드라이클리닝에 중요한 용제로 쓰인다. 패러데이는 에틸렌을 요오드로 처리하여 네덜란드 액체의 요오드 상대물도 생성했다.

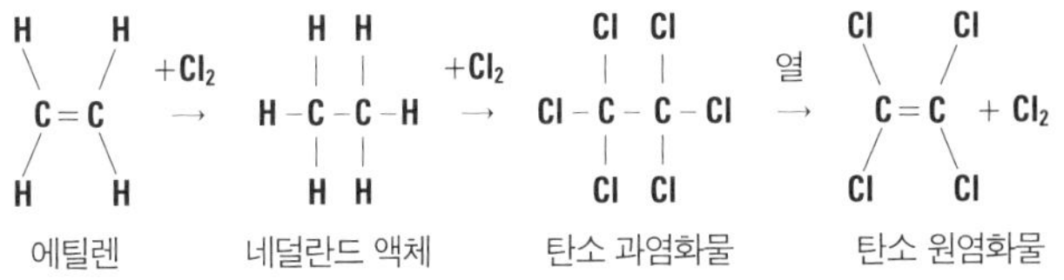

```
H     H              H  H                  Cl  Cl                 Cl      Cl
 \   /    +Cl2       |  |       +Cl2       |   |       열          \     /
  C=C      →     H - C - C - H    →    Cl - C - C - Cl    →         C = C    + Cl2
 /   \               |  |                  |   |                  /     \
H     H              H  H                  Cl  Cl                 Cl      Cl
```

에틸렌 | 네덜란드 액체 | 탄소 과염화물 | 탄소 원염화물

탄소 염화물의 형성

이 기간 동안 그의 관심은 '기체 화학'으로 알려진 기체 연구였다. 오늘날 알고 있는 개별 기체들은 18세기까지 다른 종류의 공기로만 생각되었다. 그러나 18세기에는 앙투안 라부아지에, 조셉 프리스틀리, 헨리 캐번디시, 특히 다른 어떤 사람보다도 더 많은 새로운 기체를 발견한(그리고 호흡한) 스웨덴 화학자 칼 빌헬름 셸레와 같은 선구적 과학자들이 기체의 화학적 개별성을 확립했으며 많은 사례를 밝혀냈다.

셸레의 주요 발견 중 하나는 염소가 기체라는 사실이었다. 최초로 염소를 원소로 인정한 험프리 데이비 경은 기체에 관한 많은 실험을 수행한 후 기체가 물과 결합하여 '수화물'이라는 고체를 형성할 수 있다는 점을 밝혀냈다.

기체의 액화 실험

1823년 어느 날 데이비는 패러데이에게 밀봉한 관에서 고체를 가열하자고 제안했다. 패러데이는 그렇게 하여 기름의 형성 과정을 관찰했다. 데이비는 이 사건에 당황했다.

그날 저녁 만찬 손님이며 나중에 데이비의 전기를 쓰게 된 저명한 의사 존 패리스도 당황하기는 마찬가지였다. 어떻게 기체인 염소에서 기름이 발생할 수 있단 말인가? 분명히 존재하는 다른 유일한 물질은 물이었다. 다음 날 아침 패리스는 다음과 같은 쪽지를 받았다.

어제 목격하신 기름은 액체 염소로 밝혀졌습니다.
M. 패러데이

제대로 이해하지 못한 상태에서 그들은 압력을 적용하여, 이 경우에는 밀폐된 관에서 가열하여(기체의 압력은 온도에 비례하므로), 염소 기체를 액화했다. 전년도에 압력으로 기체가 액화되었다는 몇 가지 사례가 보고되었지만, 데이비와 패러데이는 염소 수화물을 가열할 때 이 사실을 알지 못했다.

임계 온도
물체가 임계(어떠한 물리 현상이 갈라져서 다르게 나타나기 시작하는 경계) 상태에 도달하였을 때의 온도. 이 온도 이하가 아니면 기체에 아무리 압력을 가하여도 액화되지 않는다.

몇 주 후에 패러데이는 압력을 적용하여 모든 종류의 기체를 액화했다. 그는 일부 기체의 경우 일정 온도 이상에서는 액화가 불가능하다는 점을 확인했다. 이 온도를 '임계 온도'라고 한다.

여러 해가 지난 후, 그는 이 가압 기술과 그 무렵 발견된 고체 이산화탄소(드라이아이스)를 사용한 냉각 기술을 결합했으며, 이 방법을 통해 상당히 낮은 온도에서 액화될 수 있는 여러 가지 기체를 발견했다.

첫 번째 화학 혁명

첫 번째 화학 혁명은 프랑스 화학자 앙투안 로랑 라부아지에의 연구로 시작되었다. 이 혁명은 화학 원소라는 과학적 단위를 재정의했다. 라부아지에는 연소 과정에서 화학 원소 중 하나인 산소가 수행하는 역할도 확인했으며, 따라서 물질을 연소시키는 작용에서 플로지스톤이라는 다른 가설적 물질이 방출된다고 주장하는 '플로지스톤 이론'을 부정했다.

라부아지에는 그 무렵 발견된 수많은 새 기체를 다른 원소와 산소의 화합물(다른 말로는 산화물)로 보았다. 황, 질소, 인과 같은 비금속에서 도출되면 이 화합물은 산성의 경향을 나타내며, 실제로 라부아지에가 만들어 낸 단어 'oxygene'은 '산 생성자'를 의미한다. 그의 기체 목록은 전혀 완전하지 않았으며, 아직 분해되지 않은 여러 가지 물체가 언젠가 각 원소로 분해될 수 있고 그중 일부는 완전히 새로운 원소일 수 있다는 가능성을 열어 놓았다.

가장 극적인 예는 왕립연구소의 담장 안에서 일어났다. 1807년 험프리 데이비는 전기 분해로 알려진 기술을 사용하여 소금과 잿물이라는 친숙한 물질의 성분인 반응성 높은 금속 원소 나트륨과 칼륨을 분리했다. 데이비의 실험실과 스웨덴 베르첼리우스의 연구에서 곧 뒤따라 다른 원소를 발견했다. 19세기 초의 15년 동안, 팔라듐, 세륨, 오스뮴, 로듐, 이리듐, 칼륨, 나트륨, 바륨, 스트론튬, 칼슘, 마그네슘, 붕소, 요오드(당시 알려진 50개 정도의 원소 중에서 13개)가

모두 분리되었고 새로운 원소로 확인되었다.

라부아지에(프랑스 혁명 중 공포 정치 시대에 단두대에서 1794년 사망)의 연구 이후 몇 년 후, 맨체스터 화학자 존 돌턴의 이론은 잉글랜드에서 더 많은 발전을 가져왔다. 그의 이론은 각 화학 요소는 원자라는 아주 작은 개별 입자로 구성되며 모든 원자는 서로 동일하지만 다른 모든 원소의 원자와는 다르다고 주장하는 최초의 화학 원자 이론이었다. 다양한 원자의 상대적 중량(다른 말로는 원자량)이 알려진다면, 화합물을 분석할 수 있으며 각 원소의 중량 비율에서 개별 원자의 비율을 결정할 수 있을 것이다(예를 들면, 탄소 2 대 수소 4).

특히 베르첼리우스의 연구에서, 이것은 살아 있는 유기체에서 도출되어 '유기성'으로 알려진 많은 화합물의 신비를 풀 수 있는 강력한 도구로 밝혀졌다. 많은 고통 속에서 느린 속도로, 유기화학이라는 완전히 새로운 과학이 등장하기 시작했으며, 훨씬 더 단순한 무기 화합물도 동일한 방식으로 비밀을 풀 수 있었다.

이 모든 연구에서 문제는 상대적 원자량이 실제로 무엇인지 확실히 아는 사람이 아무도 없다는 점이었다. 말하자면 물에는 중량 기준 1/9의 수소와 중량 기준 8/9의 산소가 있다. 물속에 각 원자가 하나씩 있다면 원자량은 각각 1과 8이다. 그러나 수소 원자 2개와 산소 원가 1개가 있다면(H_2O를 가정) 상대적 중량은 1과 16이다. 그러나 누가 확신할 수 있겠는가? 훨씬 더 많은 세밀한 연구가 수행된 후에야 비로소 약 1860년에 합의된 의견이 나왔으며(산소에 값 16을 부여함) 확신을 가지고 상대적 원자량을 정의할 수 있었다.

전자기 연구의 시작

6

40년 이상 패러데이는 이 서재에서 연구했으며 왕립연구소 맨 위층 아파트에서 '직장에서 먹고 자는' 생활을 했다. 이곳에서 그는 손님을 맞이하고 연구했으며 과학과 세상의 혼란을 피해 안식을 찾았다.

화학 실험을 수행하는 동안, 패러데이는 결국 전동기의 발명을 이끌어 낸 연구 주제인 자기 회전의 원리도 연구했다. 이 주제에 대한 그의 관심은 동시대 과학자들이 우주를 보는 방식의 변화에서부터 출발했다.

낭만주의의 등장

여러 세기 동안, 자연 연구자들은 몇 가지 간단한 법칙으로 모든 사건이 설명되는 우주에 관해 논쟁을 벌였다. 17세기 후반 아이작 뉴턴 경은 탁자에서 바닥으로 떨어지는 물체뿐만 아니라 천상에 있는 행성과 항성의 운동도 한 종류의 힘(중력)으로 설명할 수 있음을 밝혀냈다.

1800년 무렵에는 낭만주의로 알려진 새로운 운동이 힘을 얻었다. 낭만주의는 느낌과 가치, 자연 속에서 인간의 통일성, 자연에 존재하는 통일성을 강조했다.

독일에서는 모호함과 느슨한 생각에도 불구하고, 낭만주의의 변형인 자연 철학이 발전했다. 자연 철학은 지금까지 개별적인 것으로 간주되는 힘이 실제로는 서로 관련될 수 있거나 동일한 근원적 힘의 다른 발현일 수 있다고 강조했다.

천연 자석은 고대부터 알려졌다. 그러나 자기에 대한 과학적 연구는 1600년 자기에 관한 최초의 논문 「자석, 자기 물체, 대형 자석 지구에 관하여」를 쓴 영국의 물리학자 윌리엄 길버트와 함께 시작되었다고 할 수 있다. 그는 그 중에서 로드스톤(천연 자기 광석)을 연구했으며, 지구 자체가 자석이라는 결론을 내렸다.

다른 많은 과학자들은 지구의 표면에서 자기가 변하는 방식을 조사하여 지구자기학의 시초를 형성했다. 18세기 무렵, 자기극 간의 힘이 자기극 간 거리의 제곱근에 반비례한다는 사실을 밝혀낸 프랑스 물리학자 샤를 오귀스탱 드 쿨롱의 연구에서 일련의 양적 실험은 절정에 달했다.

세계를 놀라게 한 외르스테드의 전류 실험

낭만주의의 초기 주창자 가운데는 1806년부터 코펜하겐 대학교의 물리학 교수였던 덴마크의 한스 크리스티안 외르스테드가 있다. 그는 1820년 4월 강의 실험에서 자기력과 전기력의 단일성을 증명하려고 시도했다.

유리 상자 속에 있는 나침반을 백금 전선 바로 밑에 놓고 전선에 전류를 통과시키는 방법으로, 그는 작지만 분명히 나침반 바늘이 한쪽으로 움직이는 것을 관찰했다. 편향의 방향에 관한 언급, 전선의 재료나 간섭 물체의 존재는 중요하지 않다는 의견과, 원인은 전선을 둘러싼 일종의 원형 힘일 수 있다는 상당히 어려운 추론을 포함하여 세 달 후 그는 이 실험 결과를 발표했다.

그의 논문은 유럽 전체를 뒤흔들었다. 수많은 저명한 과학자들이 유사한 실험을 시도했다.

그중에서도 앙드레 마리 앙페르는 서로 가까이 놓인 두

앙페르 (1775~1836)
프랑스의 물리학자. '앙페르의 법칙'을 발견하여 전자기학의 기초를 확립하였다. 저서에 『전기 역학 실험 보고집』, 『과학 철학 시론』 등이 있다.

개의 병렬 전선에 전류를 흐르게 하면 전선은 매우 오랫동안 병렬 상태를 유지하지 않는다는 점을 밝혀냈다. 전류가 모두 동일한 방향으로 흐르면 두 전선은 서로 끌어당기며 가까이 모인다. 하지만 전류가 반대 방향으로 흐르면 두 전선은 서로 밀어내며 멀리 떨어진다.

울러스턴의 견해에 도전하다

한편 런던에서는 데이비의 동료 과학자인 윌리엄 울러스턴이 전자기라는 새로운 개념에 큰 관심을 갖게 되었다. 그는 전류가 코르크 마개뽑이처럼 나선형으로 전선을 통과한다고 보았다. 따라서 그는 이와 같이 전류가 통하는 전선이 자유롭게 매달려 있다면 자석 앞에서 실제로 회전할 것이라고 예측했다. 그러나 반복적인 실험에도 이 효과는 나타나지 않았다.

하지만 패러데이는 자석의 효과로 전선이 회전하지 않지만 오히려 옆으로 이동한다는 견해에 도달했다. 이 견해는 자기를 띤 바늘의 각 극이 전선의 전류에 반응할 수 있는 네 위치가 있으며 그중에서 둘은 인력(A)으로 반응하고 둘은 척력(R)으로 반응한다는 결론에 따른 것이었다. 그는 1821년 9월 3일 일기에 이 현상을 기록했다.

1821년 9월 3일 패러데이는 독창적인 실험을 통해 이 이론을 증명했다. 패러데이는 수직 전선을 상단에 걸고 각 끝을 소량의 수은에 담근 후 전지에 연결할 수 있는 간단한 장치를 고안했다.

3. 조사 중에 각 극에는 인력 **2** 및 척력 **2**의 **4**위치가 있다는 점이 더 정밀하게 밝혀졌다. 따라서

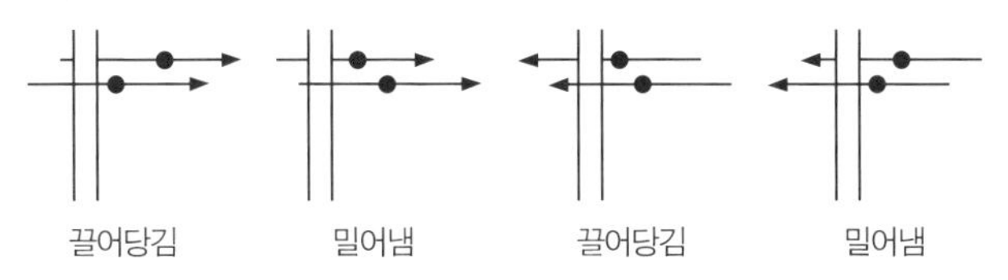

4. 또는 전선의 단면을 위에서 내려다본다면

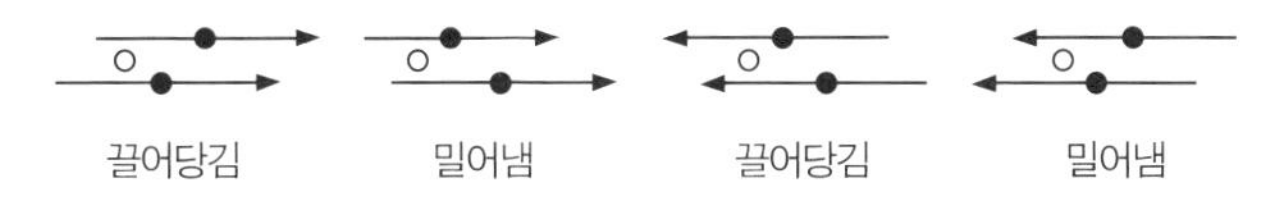

5. 또는

6. 이것은 각 극 둘레의 원형 운동을 나타낸다. 따라서

자석을 전선에 가까이 가져갔을 때 전선은 어떤 극이 앞에 있는가에 따라 자석 쪽으로 또는 반대쪽으로 이동했다. 전선은 울러스턴의 예측과는 달리 축을 중심으로 회전하지 않았다. 크랭크축과 비슷한 형태로 전선을 구부리고 중간쯤에 자석을 가져갔을 때 패러데이는 '크랭크'가 자석

에 가능한 한 가까이 가기 위해 빙글빙글 도는 것을 발견했다. 자석을 뒤집어 다른 쪽 극을 전선으로 가져가면 크랭크는 재빨리 물러났다. 이 교대 방식을 지속적으로 수행하여 그는 구부린 전선에서 연속적인 운동을 얻었다.

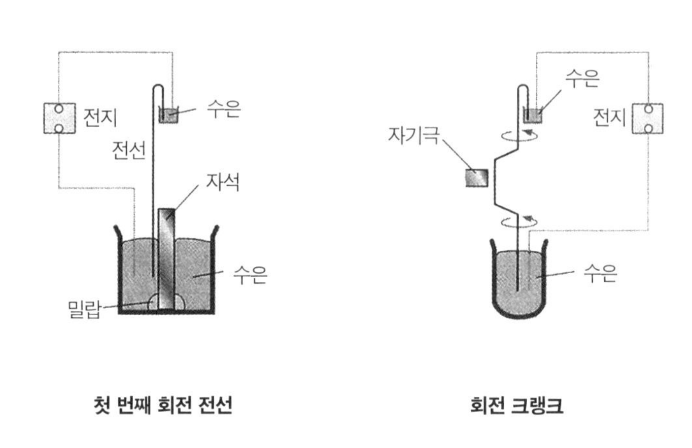

첫 번째 회전 전선

회전 크랭크

다음 날 패러데이는 전기가 통하는 전선 둘레로 자석을 회전시킬 수 있다는 점을 밝혀냈으며, 그 다음 날 그는 전류가 통과하는 전선의 코일에 유동 자석이 들어갈 수 있다는 점을 확증했다. 1, 2주 안에 패러데이는 전선과 자석의 회전을 모두 증명할 수 있는 장치 간섭이라는 문제에 직면했다.

염소에 대한 관심

패러데이가 전자기 주제에 관한 유럽 내의 모든 활동을

다 알고 있는 것은 아니었다. 1821년 10월 초 어느 날 아침, 낭만주의로 귀의한 험프리 데이비 경은 외르스테드의 연구 소식을 듣고 실험을 직접 반복하고 싶은 열의에 가득 차서 왕립연구소 실험실로 급히 들어왔다.

그의 열성은 충분히 이해할 만했다. 전기학과 화학의 결합이 가능하다면 전기학과 자기학의 결합은 왜 안 되겠는가? 데이비는 이 같은 연결을 처음 제안한 사람은 아니었지만, 이 가능성을 증명한다면 자연의 통일성에 대한 그의 열정적인 견해는 한층 더 분명해질 것이다. 패러데이의 보조를 받으면서 그는 즉시 연구에 착수했다.

외르스테드의 실험을 반복하는 것은 쉬웠지만, 설명하는 것은 쉽지 않았다. 하지만 이 특별한 시기에 패러데이는 다른 것을 생각하고 있었다. 그중에서도 특히 염소에 관한 연구를 생각하고 있었다.

그럼에도 '전자기학에 대한 역사적 소고'라는 기사를 〈철학연보〉에 기고해 달라는 동료 화학자 리처드 필립스의 요청을 받고, 패러데이는 앙페르를 비롯한 여러 과학자들의 주요 연구를 반복하면서 동시에 자신의 견해를 확립하려는 일련의 장기 실험에 들어갔다.

크리스마스의 발견

전기가 실체적인 물질이라고 가정하거나 양과 음의 두 가지 형태로 존재한다고 가정하는 설명을 전혀 확신하지

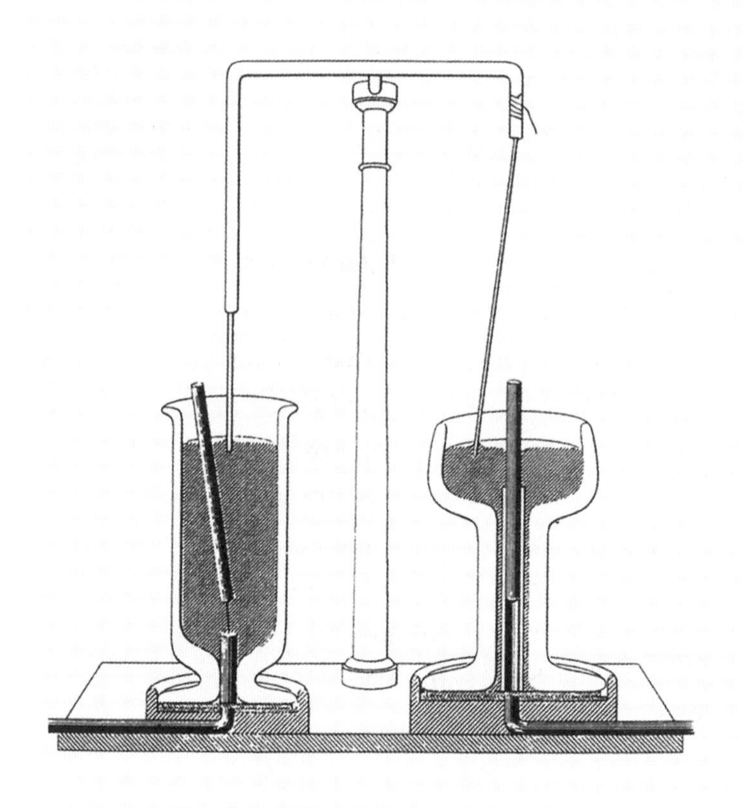

수은이 담긴 유리컵 두 개의 바닥을 통해 구리 전도체가 삽입된다. 왼쪽 컵에는 원통형 자석이 구리에 실로 고정되고 수은 표면 위로 나와 있다. 중앙 황동 기둥의 왼쪽 가지는 수은에 닿을 정도로 확장된다. 오른쪽 컵에는 자석이 수직으로 단단히 고정되고 딱딱하지만 움직일 수 있는 전선이 위에 있는 황동 걸이에 부착된다. 황동 기둥과 구리 전도체를 전지의 양극(여기서는 보이지 않음)에 연결하면 전류가 통할 수 있다. 그러면 첫 번째 컵에서는 자석이 청동 둘레로 회전하고 두 번째 컵에서는 전기가 통하는 전선이 자석 둘레로 회전한다.

않았으므로, 패러데이는 전기가 통과하면 어떤 식으로든 나침반 바늘에 영향을 미치는 '상태'가 전선에 생겨난다는 데까지만 생각할 수 있었다. 자신이나 다른 사람이 상상한 것보다 이 효과가 훨씬 더 복잡하다는 생각은 9월에 얻은 몇 가지 기이한 결과에서 나왔다.

12월 말 그는 전자기학으로 돌아와 회전 전선의 고정대를 개선한 후, 전기가 통하면 지구의 약한 자기조차도 수평 전선을 흔들기에 충분하다는 점을 밝혀냈다. 패러데이는 더욱 간편한 회전 전선 장비를 만들어 다른 과학자들에게 보내기도 했다. 이것은 과학적 교류의 중요성에 관한 그의 깊은 확신을 상징할 뿐만 아니라, 과학적 발견자로서 그의 위대함을 나타내는 확실한 증거였다.

크리스마스 날에도 패러데이는 연구에 전념했다. 그는 지구 자기가 나침반 바늘의 복각보다 더 큰 각도로 매달린 전선의 연속 회전을 생성할 수 있다는 점을 밝혀냈다. 그의 처남 조지 바너드가 실험을 목격했다.

전선이 회전하기 시작하자, 갑자기 그가 소리쳤다.
"봤지, 봤지, 봤지, 조지?"
내 기억에 한쪽 끝은 수은 컵 속에 있었고, 다른 쪽은 위쪽 중앙으로 연결되었다. 열의에 가득 찬 그의 표정과 반짝이는 그의 눈빛을 결코 잊지 못할 것이다!

사라 패러데이도 첫 크리스마스에 쓸 거위 요리가 타 버린다고 항의하면서도 승리의 현장을 목격한 증인으로 불려갔다. 패러데이는 기체 액화 및 자기 분야의 성공을 만족스럽게 생각했지만, 한편으로는 신랄한 독설도 들어야 했다.

울러스턴과의 표절 논란

1821년 10월 패러데이가 회전 전선에 대한 논문을 발표했을 때 울러스턴은 크게 분노했다. 널리 알려졌듯이, 울러스턴은 전기가 통하는 전선이 자석에 노출될 때 움직일 수 있다고 예측했다. 아직 증명하지 않았을 뿐이었다. 실제로 그의 착안은 아니었지만, 그는 패러데이가 기회를 가로챘다고 생각했으며 친구 데이비를 포함한 다른 사람들에게 자신의 분노를 알렸다.

표절 비난을 받은 패러데이는 망연자실했다. 강력한 샌더매니언 신앙을 생각한다면 이해할 만한 반응이었다. 울러스턴이 결과를 흥미로워할 수도 있다는 생각에서 패러데이는 논문을 발표하기 전에 울러스턴과 대화하려고 했다. 하지만 울러스턴은 런던에 없었고, 성공의 비결이 "연구하라, 완료하라, 발표하라"라고 믿은 패러데이는 일을 진행했다.

평생 동안 그는 울러스턴을 만날 때까지 발표를 연기하지 않은 결정을 후회했다. 논문이 나온 후 그는 이 화난 실험자에게 이야기하려 했지만 냉정한 거절만 돌아왔다.

실제로 패러데이는 기술적으로 정확했다. 울러스턴은 축을 중심으로 전선이 회전한다고 예측했지만, 사실은 그렇지 않았다. 다른 한편, 패러데이는 자기극을 중심으로 전선이 회전한다는 점에 관심이 있었다. 이것은 미묘하지만 분명한 차이였다.

데이비와의 표절 논란

1823년 데이비마저도 패러데이를 표절로 비난하지 않았다면 불화는 거기서 끝났을 것이다. 패러데이는 자신을 단독 저자로 올리고 기체 액화 실험의 결과에 관한 논문을 발표했다. 데이비는 공동 기여를 인정받아야 한다고 생각했기 때문에 심히 불쾌했다.

격분한 데이비는 영국 선두의 과학 조직인 왕립학회에 패러데이가 입후보하는 것을 막으려 할 정도였다. 당시에 데이비는 학회 회장이었으므로 그의 의견은 상당한 영향력이 있었을 것이다.

리처드 필립스를 비롯해 28명은 패러데이를 지명했고 관례에 따라 지명 인증서가 학회에 게시되었다. 인증서가 올라온 후 얼마 지나지 않았을 때, 두 사람 사이에 상당히 불미스러운 일이 발생했다. 패러데이의 묘사에 따르면 다음과 같다.

H. 데이비 경은 내가 인증서를 내려야 한다고 말했다. 나는 내

가 올리지 않았으며 추천자들이 올렸으므로 내릴 수 없다고 대답했다. 그러자 그는 내가 추천자들에게 알려서 내리도록 해야 한다고 말했다. 나는 그들이 그렇게 하지 않을 것이라고 대답했다. 그러자 그는 회장인 자신이 내리겠다고 말했다. 나는 H. 데이비 경이 자신의 판단에 따라 왕립학회를 위하는 일을 할 것으로 확신한다고 대답했다.

데이비는 그의 연구와 울러스턴의 연구에 관련하여 자신의 조수가 표절에 대한 규칙을 위반했다고 여러 장소에서 공식적으로 진술하면서 패러데이의 회원 자격을 적극적으로 반대했다. 악감정과 시기심 이외에는 다른 이유를 생각하기 어려웠다.

하지만 이 사건에서 회원들은 회장의 요청을 거역하고 거의 만장일치로 패러데이를 선출했다.

'과학적 예의'를 위반한 죄

예전 후원자에게 불리한 말은 면전에서 허용되지 않았으므로, 데이비의 무례한 언행에 패러데이는 관대함으로만 대처했다. 단 한 번 그는 자신을 변호할 기회가 있었다. 1836년 동생 존 데이비가 험프리 데이비의 전기를 출판한 후였다.

존 데이비는 "자신의 정직한 명성을" 인정받을 필요가 있음에도 "패러데이 씨가 그(데이비)를 공정하게 평가하려고 나서지 않는 것에 놀랐다"고 언급했다.

패러데이는 〈철학잡지〉에 보낸 편지에서, 데이비가 염소 수화물에 대한 실험을 왜 제안했는지 말해 주지 않았으며 자신은 논문에서 데이비의 제안에 대해 감사의 뜻을 표시했다고 대답했다. 그는 〈왕립학회 철학회보〉에 논문이 발표되었으므로 학회 회장인 데이비가 확실히 발표를 거부했을 것이라는 점도 지적했다. 실제로 데이비는 자신의 주석까지 첨부했다.

이 애석한 이야기에서 패러데이에게 조금이라도 죄가 있다면, 지금은 오래전에 폐기되었고 당시에도 불분명했던 '과학적 예의'를 위반한 것이다. 그렇다면 논문 발표 전에 단지 주변적으로만 관련된 당사자(울러스턴과 데이비)와 현재 관행보다 훨씬 더 많이 의논해야 했을 것이다. 그럼에도 패러데이는 이 두 논란을 현명하게 극복하고 과학 경력에서 계속해서 두각을 나타냈다.

다양한 종류의 자석

다른 자석이 없는 곳에 자유롭게 매달리면 모든 자석은 항상 남북을 가리킨다. 자석은 지구의 자기장에 맞게 정렬되는 경향이 있기 때문이다. 각 자석에는 북극과 남극이라는 양극이 있으며, 각 극은 다른 자석의 반대 극을 끌어당기고 같은 극을 밀어낸다.

지구: 지구는 거대한 천연 자석이다. 지구의 북극은 나침반 바늘이나 다른 자석의 남극을 끌어당긴다. 지리적인 극과 자기의 극이 완전히 일치하는 것은 아니지만, 약간의 방향 차이는 쉽게 허용될 수 있다.

전자석: 직류가 흐를 수 있는 절연 전선의 코일로 둘러싸인 연철심이다. 직류가 흐르면 철심은 강력한 자기를 띠게 된다. 따라서 전자석의 자기는 마음대로 켜고 끌 수 있다.

로드스톤: 천연 자기 광석이다. 주로 그리스 마그네시아에서 일찍이 발견되어 현재의 이름을 얻은 산화철 자철광(마그네타이트, Fe_3O_4)으로 구성된다. 로드스톤은 수세기 동안 별이 보이지 않는 악천후 속에서 항해자의 길잡이로 사용되었다.

영구 자석: 다른 자석으로 문지르거나 전기 작용으로 자기를 띠게 된 강철(혼

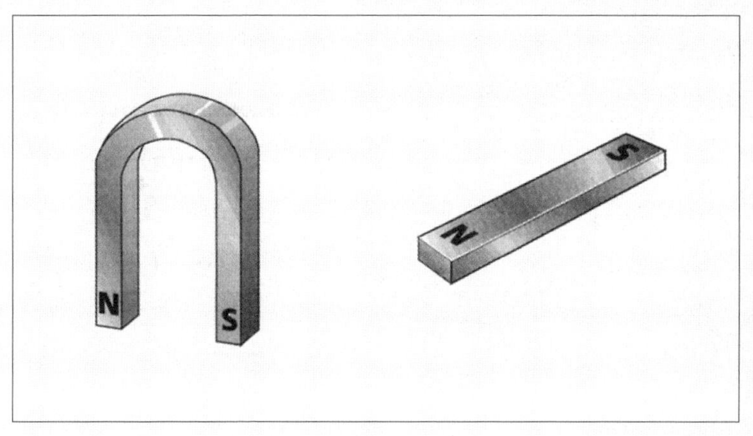

일반적으로 영구 자석은 직선형 또는 말발굽 모양으로 구부러진 막대이다.

히 코발트를 포함) 조각이다. 영구 자석도 공중에 매달리면 남북을 가리키며, 고온으로 가열하거나 심한 충격을 받거나 훨씬 더 강력한 자석에 가까이 가져가지 않는 한 자기를 잃지 않는다.

일시 자석: 다른 자석으로 문지르거나 전류를 통과시키면 자기를 띨 수 있는 연철 조각이다. 일시 자석은 대개 전류 스위치를 끄는 즉시 급속도로 자기를 잃어버린다.

7

대중을 사로잡은 금요일 강연

1855년 12월 왕립연구소에서 어린이, 저명한 과학자, 여왕의 부군과 황태자를 포함하여 다양한 청중을 대상으로 열린 패러데이의 강연. 〈영국 계간 비평〉은 다음과 같이 보도했다. "그는 철학을 매력적인 학문으로 만드는 기술을 가졌으며, 이것은 그가 백발의 지혜와 멋진 청년의 정신을 모두 가지고 있었기에 가능했다."

1823년 브랜드는 강의 하나를 할 수 없었고, 패러데이는 뜻밖에 빈자리를 채워 달라는 부탁을 받았다. 실험실에 붙은 작은 강의실에서, 그는 거의 40년 동안 지속될 왕립연구소의 과학 교류 경력을 시작했다.

1823년 단 한 번의 강의가 가져온 결과

패러데이는 1818년 말에 시립철학회에서 17회 화학 강의 과정을 담당하면서 실습을 한 적이 있었다. 그뿐 아니라 친구 에드워드 마그라스에게 화술 지도를 받았고 연설법 야간 학습에도 참석했다.

패러데이가 1823년 이 사건을 중요시하지 않았더라도 무리는 아닐 것이다. 작은 강의실에서 호응 없는 의학생들을 상대로 한 강의 한 번이 무슨 의미가 있겠는가?

그러나 1823년 이 단 한 번 행했던 강의에 대한 반응 덕에, 1824년 공개 실습 방식의 화학 강의 두 과정을 윌리엄 브랜드와 마이클 패러데이가 공동으로 담당하게 되었다. 이후 3년 동안 매년 비슷한 합동 강의가 공지되었다.

강의 배정은 잡지 편집을 둘러싸고 브랜드와 연구소 관리자들 사이에 벌어진 다툼과 관련되었을 것이다. 그들은 그가 잡지를 거의 자신의 사유 재산으로 취급한다고 생각했다. 브랜드는 1825년 왕립조폐국에서 상주 고문으로 일하고 있었지만, 1852년까지도 여전히 왕립연구소에서는 주로 부재 교수였다.

이 무렵, 패러데이는 화학 연구의 새로운 전환점을 발견했다. 바로 새로운 조명 가스 산업과 관련된 액체였다. 이 액체는 사회에 대단히 중요하지만 전반적으로 특성이 알려지지 않은 물질이었으므로 긴급히 분석이 필요했다. 그중에서도 가스등에 사용되는 고래 기름은 상당히 중요했다.

조명용 가스를 생산하기 위해, 수많은 기체 생성물로 분해될 때까지 고래 기름을 가열했다. 대기 20 또는 30의 압력으로 압축하면 가스는 훨씬 더 적은 부피로 줄어들어 밀봉 구리 실린더로 쉽게 수송할 수 있었다. 약 20퍼센트의 가스는 액체로 응축되었으며 패러데이는 1825년 이 액체로 실험을 시작했다.

그는 기름을 점차적으로 가열했다. 온도가 상승함에 따라 다양한 생성물이 연속적으로 끓어 없어지고 0도(℃)에서 응축되었다. 그 결과로 흰색 결정체가 형성되었으며, 패러데이는 결정체를 분리하여 검사했다. 이 결정체는 오늘날 우리가 알고 있는 벤젠으로 밝혀졌다.

이 발견은 주목할 만한 성과였다. 현대적 장비를 사용하더라도 패러데이의 기술로 벤젠을 분리하는 것은 쉽지 않다. 패러데이가 사용한 것과 같이 단지 작은 플라스크 몇 개, 온도계, 응축기로 구성된 간단한 장치로는 말할 것도 없다.

고래 기름
경유라고도 하며, 보통 수염고래의 혀 · 내장 · 뼈 등을 끓이거나 압착하여 채취한다.

가스등으로 조명을 비춘 세계 최초의 거리 중 하나인 펠멜에 가스등이 등장했을 때(1807) 런던의 모든 사회 계층에서 동요가 일어났다. 난방용 석탄에서 얻은 가스는 가스 공장에서 파이프를 통해 약간 멀리 떨어진 곳으로 수송할 수 있었다.

거의 150년 후에 후배 과학자들은 정교한 기구로 이 연구를 반복하여 패러데이가 보고한 많은 생성물(벤젠뿐만 아니라 이소부틸렌도 포함)이 실제로 존재한다는 사실을 확증했다. 이것은 패러데이의 뛰어난 실험 기술을 증명하는 확실한 증거였다.

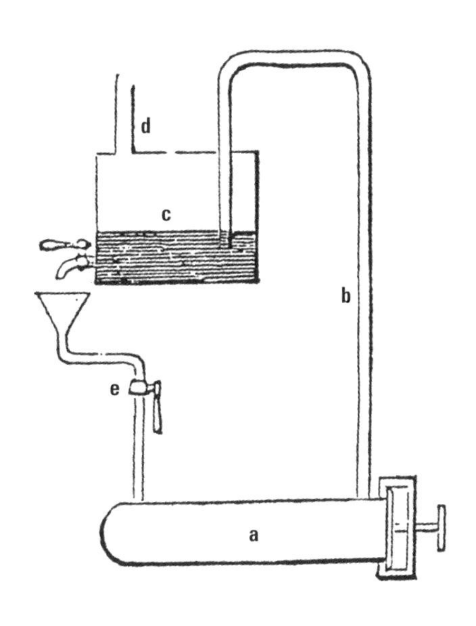

오일 가스(천연 오일을 가열하여 얻은 가스)를 제조하기 위해 오일(예를 들면, 고래 기름)을 c에 넣고 꼭지와 깔때기를 통해 레토르트(열로 물질을 분해하기 위한 기구) a로 방울방울 떨어뜨린다. 여기서 오일이 가스로 분해된다. 가스는 b로 올라가 c를 통과하여 타르를 씻어내고 d를 통해 나온다.

패러데이의 벤젠 발견이 갖는 중요성은 매우 크다. 문자 그대로 수만 가지 유용한 물질이 벤젠에서 유도되었다. 흔히 말하는 '방향족' 화학물질은 오늘날에도 여전히 벤젠으로 만든다.

왕립학회로부터 망원경 유리 연구를 부탁받다

고래 기름뿐만 아니라 석탄 가스도 19세기 조명에 사용된 일종의 연료였다. 석탄 가스를 태우면 밝은 불꽃이 생기고 철 파이프를 통해 장거리로 운반할 수 있었으므로, 빠른 속도로 영국의 주요 읍과 도시에 가로등이 설치되었다.

석탄 가스의 제조 과정에서 다른 물질이 많이 축적되었는데, 그중에서도 특히 검은색 유성 콜타르가 대량으로 축적되었다. 콜타르에서 새로운 유기 생성물(예를 들면, 나프탈렌)을 얻을 수 있었고, 패러데이는 이 물질을 분석했다.

1820년대 후반 패러데이는 렌즈에 사용되는 유리를 연구했다. 15년 후, 반자성에 관한 실험에서 그는 이 사진과 같은 무거운 유리 표본을 사용했다.

1825년 패러데이는 의학생을 위한 강의에서 여전히 브랜드의 보조 역할을 수행했지만, 그는 실험실 감독관이 되어 있었다. 감독관이 된 직후, 그는 과학에 대한 지식과 애정을 다양한 청중과 공유하기로 결심했다. 즉시 그는 브랜드가 낮 시간 동안 강의하는 실험실에서 회의를 열고 왕립연구소 회원들을 초대했다. 1825년에는 회의가 세 번 내지 네 번 열렸다. 그중 하나는 '전자기 회전'에 관한 회의였다.

같은 해 그는 중요한 위탁을 받았다. 왕립학회가 영국 정부를 대신하여 패러데이에게 망원경에 사용되는 유리의 광학적 특성에 대한 연구를 맡아 달라고 부탁했던 것이다. 문제는 정밀 광학 기구에 사용되는 유리가 어느 한 성분의 부분적 농축이나 기포 또는 찰흔 없이 동질적이어야 한다는 점이었다. 패러데이의 과제는 이 조건에 맞게 유리를 생산하는 방법을 밝혀내는 것이었다.

성공적인 광학 유리 연구

패러데이는 천문학자 존 허셜, 광학자 조지 돌런드와 함께 오랜 시간 동안 유리 제조 공정을 조사했다. 1827년 패러데이는 왕립연구소에서 특수 화로를 제공받았다. 그리고 실험 조수도 생겼다. 조수인 찰스 앤더슨 하사는 재료를 준비하고 비중을 결정하는 일상적인 과제를 처리했다.

패러데이의 첫 번째 실험은 고무적이지 않았다. 녹인 유

비중
어떤 물질의 질량과 그것과 같은 체적의 표준물질의 질량과의 비율. 고체나 액체의 경우에는 표준물질로서 4도(℃)의 물을 사용하며, 기체의 경우에는 일반적으로 0도(℃)에서의 1기압의 공기를 표준으로 한다.

리를 저으려고 하면(기포와 기타 결함을 제거하기 위해), 유리를 담아 가열하고 있던 질그릇이 부서졌다. 백금박으로 만든 그릇을 사용하면, 가열된 판으로 새어 나간 뜨거운 산화납 때문에 값비싼 백금이 자주 파괴되긴 했지만 결과는 더 나았다.

패러데이는 온도를 조정하고 재료를 바꾸는 방식으로 약간 전진했다. 특히 그는 유리의 납 성분인 산화납을 더욱 복잡한 납 화합물인 붕규산염으로 교체했다. 하지만 착색유리의 형성과 같이 한층 더 실망스러운 결과가 앞을 가로막았다.

결국 원인은 주철 팬의 탄소에서 나온 일산화탄소의 작용으로, 납 화합물이 환원되어 생긴 납의 존재로 확인되었다. 패러데이는 철을 내열 석재로 교체하여 문제를 해결했으며, 1829년 무렵 다른 난점도 모두 해결했다. 결과적으로 그는 그해 말 3일 동안 열린 왕립학회의 베이커리언 강의에서 성공을 보고할 수 있었다.

패러데이의 광학 유리 연구는 정교한 이론을 지침으로 사용할 수 없을 때 다양한 가능성을 차례로 제거하며 힘들게 조사를 수행하는 과학자의 대표적인 사례이다. 렌즈에 사용되는 유리의 품질을 즉각적으로 또는 극적으로 개선한 것은 아니었지만, 붕규산염의 도입은 이후 유리 제조와 장차 여러 해 동안 패러데이 자신의 실험에 모두 유용했던 것으로 밝혀졌다.

가장 즉각적으로 나타난 결과는 왕립연구소가 절실히

필요한 기금을 얻었다는 것과 패러데이가 자신의 세심한 연구로 더욱 폭넓은 명성을 얻게 되었다는 점이다.

대중을 사로잡은 금요일 강연

1826년 패러데이는 왕립연구소에서 현재까지 계속되고 있는 정규 금요일 저녁 강연(강의)을 시작했다. 처음 한 해 동안은 패러데이 자신이 생고무(천연 고무), 마크 이삼바드 브루넬 경의 가스 엔진, 석판 인쇄 이론을 주제로 강연했다.

36년 동안 그는 약 100회 정도 강연을 했으며 대부분의 경우 500명 이상, 자기에 관한 3회 강연의 경우 1,000명 이상의 청중을 끌어들였다.

1827년은 패러데이의 강의 경력에 중요한 한 해였다. 자기, 살균제로 사용되는 염소, 템스 터널에 관한 금요일 강연 외에도 그는 '화학 철학의 일반적 요점' 이라는 짧은 강좌도 열었다. 마치 일상의 직무만으로는 별로 바쁘지 않은 것처럼, 그는 런던연구소(가난한 사람들에게 왕립연구소를 대신하는 기관)에서 '화학 처리' 에 관한 강의 과정 12개를 더 맡았다. 이 강의는 나중에 매우 영향력 있는 책으로 묶여 나왔다.

대중과 과학적 교류의 토대를 쌓다

그해 말에는 왕립연구소에서 곧 연례행사가 된 '크리스마스 강의'를 시작했다. 개막을 기념한 연속 강의는 어린이에게 적당한 오후 3시에 시작하는 '청소년 청중을 위해 개정된 화학에 관한 6회 기초 강의 과정'이었다. 이와 같은 많은 활동을 통해 패러데이는 영국에서 현재까지 계속되는 과학 교류의 대중적 토대를 쌓았다.

패러데이는 강연에 대한 모든 기록에서 자신이 하고 있는 일을 정확히 알고 있었으며, 이를 훌륭히 수행하는 뛰어난 강사의 인상을 남겼다. 그는 특히 화술에 주의를 기울였다. 그는 친필 원고에 다음과 같은 규칙을 남겼다.

어구를 반복하지 않는다.
뒤로 돌아가서 수정하지 않는다.
적당한 단어가 생각나지 않으면 흠흠흠 또는 에에에 소리를 내는 것이 아니라 잠시 멈추고 기다려야 한다. 그러면 곧 생각나며, 나쁜 버릇은 없어지고 곧 유창하게 말할 수 있다.
다른 사람이 내 말을 바로잡으면 의심하지 않는다.

그는 진부한 매너리즘의 수사법이나 복잡한 논리를 피하면서 가장 훌륭한 설교자의 어조를 재현하고 있었다. 실제로 그는 샌더매니언 교회의 웨슬리 형제와 같은 위대한 설교자의 미사여구도 전혀 보여 주지 않았다. 그는 평소

Royal Institution of Great Britain,

ALBEMARLE STREET,

December 3, 1827.

A

COURSE OF SIX ELEMENTARY LECTURES

ON

CHEMISTRY,

ADAPTED TO A JUVENILE AUDIENCE, WILL BE DELIVERED DURING THE CHRISTMAS RECESS,

BY MICHAEL FARADAY, F.R.S.

Corr. Mem. Royal Acad. Sciences, Paris; Director of the Laboratory, &c. &c.

The Lectures will commence at Three o'Clock.

Lecture I. Saturday, December 29. Substances generally—Solids, Fluids, Gases—Chemical affinity.

Lecture II. Tuesday, January 1, 1828. Atmospheric Air and its Gases.

Lecture III. Thursday, January 3. Water and its Elements.

Lecture IV. Saturday, January 5. Nitric Acid or Aquafortis—Ammonia or Volatile Alkali—Muriatic Acid or Spirit of Salt—Chlorine, &c.

Lecture V. Tuesday, January 8. Sulphur, Phosphorus, Carbon, and their Acids.

Lecture VI. Thursday, January 10. Metals and their Oxides—Earths, Fixed Alkalies and Salts, &c.

Non-Subscribers to the Institution are admitted to the above Course on payment of One Guinea each; Children 10*s.* 6*d.*

[Turn over.

패러데이의 첫 번째 크리스마스 강의에 대한 광고 전단지. 강의는 오늘날까지 연례 TV 시리즈로 계속되고 있으며, 이는 젊은이를 위한 대중적 과학 교육을 보여 주는 초기 사례이다.

습관대로 정성스레 노트에 정리했으며 아주 세밀하게 준비했다.

청중을 휘어잡는 특별한 힘

그에게는 청중의 관심을 끄는 특별한 힘이 있었다. 이 기본 요점은 여러 가지 방식으로 나타났다. 그는 대중에게 친숙한 것부터 시작했고, 쉬운 용어로 충분할 때는 전문 용어를 의도적으로 피했으며, 청중이 주제에 대한 사전 지식을 갖고 있지 않다고 가정했다(대체로 그의 가정은 옳았다).

그는 특별히 흥미를 끄는 방식으로 유머를 사용했으며 다른 사람을 낮춰 말하지 않았다. 그는 앤더슨 하사에게 '느림' 또는 '시간'이라고 적힌 카드를 때 맞춰 들어 올리도록 지시했다. 이 모든 특징을 강의에 활용하여 그는 따뜻한 환대 이상을 기대할 수 없을 만큼 과학 지식이 없는 청중과도 잘 어울릴 수 있었다.

그는 냉정한 논리에 따라 요점을 전달하여 듣는 사람이 스스로 결론을 이끌어 내도록 했다. 그는 또 듣는 사람이 믿어야 한다고 생각하는 식의 교훈적인 태도로 이야기하지 않았다. 이와 같이 은혜를 베푸는 식으로 접근하면 단기적인 이익을 얻을 수 있을지 몰라도 강연자와 청중 모두에게 무가치하다고 생각했기 때문이다. 이 특징은 로버트 샌더맨이 추종자들에게 역설한 접근법을 다시금 연상시킨다.

행동으로 보여 준 실증 강의

교회에서는 성서에서 결론을 이끌어 내야 하며, 과학 논의에서는 경험적 사실에 근거해야 한다. 이 관계의 고전적인 사례는 강신술 집회 중에 탁자가 저절로 움직인다는 '탁자 회전' 현상에 대한 패러데이의 설득력 있는 비평에서 찾아볼 수 있다.

이 비평은 정신 교육에 관한 강의와 '애서니엄'에 보내는 편지에서 나타난다. 일부에게 유물론(물질만으로 모든 것을 설명할 수 있다는 믿음)이라는 비난을 받았지만, 실제로 그는 샌더매니언 교파가 비성서적 교회 전통을 비판하는 것과 동일한 태도로 미신을 비판하고 있었다.

인간의 정신에 관한 한, 우리의 세계는 얼마나 나약하고 경솔하고 의심 많고 믿음 없고 미신적이며 뻔뻔하고 겁 많고 어리석은가. 얼마나 많은 불일치와 모순과 부조리로 가득 차 있는가.

그는 실증에 전적으로 의존했다. 이것은 그때까지 영국 과학에서 힘 있는 전통이 아니었지만, 패러데이 이후 강의 실증은 성공적인 자연 과학 교육의 열쇠였다. 떨어지는 돌, 끓고 있는 주전자, 타고 있는 양초에 대해 이야기할 때 그는 항상 실증을 통해 자신의 말을 설명했다. 그는 언젠가 이렇게 말했다. “어느 것도 이미 알려진 것으로 당연히 여기지 마십시오. 귀로 듣는 동시에 눈으로 보십시오.”

그의 실증은 돌을 떨어뜨리거나 주전자를 끓이는 것보다 훨씬 더 복잡했다. 한 강의에서는 왕립연구소의 대형 자석 앞에 부지깽이, 부젓가락, 석탄으로 가득 찬 철통을 던져(모두 완전히 들러붙었다) 청중을 깜짝 놀라게 했다.

다른 강의에서는 철장 안에 직접 들어가 조수를 시켜서 철장에 거대한 전압을 흐르게 했다. 그가 이 ‘패러데이 새장’에서 긁힌 자국 하나 없이 나왔을 때, 관중은 그의 육체적 용기뿐만 아니라 정전기 보호막의 주목할 만한 특성에도 깊은 감명을 받았다.

인류에게 이익을 가져다주는 과학

왕립연구소 강의에서 패러데이는 인류에게 실질적인 이익을 줄 수 있는 과학의 적용에 대해 자주 논의했다. 만약에 그가 이 상업적 · 정치적 · 경제적 문제를 다루지 않았다면, 그 이유는 샌더매니언 신도에게 금지된 영역이었기 때문이 아니라 단지 과학의 주제와 무관했기 때문이다.

뿐만 아니라 이 문제는 청중과 교감하려는 그의 노력을 허사로 만들 불필요한 논쟁을 끌어들일 수도 있었다. 그러나 이 말은 패러데이가 산업에 관심이 없었다거나 모든 연구 생활을 앨버말 거리의 상아탑(정확히 말하자면 지하실)에서 보냈다는 의미는 아니다.

패러데이는 광범위한 세계에서 화학에(나중에는 물리학에도) 관련된 모든 종류의 문제를 자주 고려했다. 평생을 통해 그는 법정에서 전문가 증인으로 봉사했고 문화 단체에 서적과 예술 작품의 보존에 관해 조언했다.

한번은 애서니엄 클럽이 가스등으로 발생하는 두 가지 문제에 관해 그에게 조언을 부탁했다. 문제는 회원에게 졸음이 오고 책 제본 상태가 악화된다는 것이었다. 후자는 대기 중의 이산화황(아황산가스) 때문에 발생하는 현상이었으며, 패러데이는 무엇보다도 클럽 회실의 통풍 개선을 권고했다.

앤더슨을 상임 조수로 고용하다

1829년 패러데이는 울리치에 있는 왕립육군사관학교의 화학 교수직을 받아들였다. 이곳에서 그는 1년에 25회 강의를 했으며 학기 중에는 1주일에 하루나 이틀을 보내야 했다. 이 직위에서 벌어들이는 여분의 돈으로 앤더슨을 상임 조수로 고용할 수 있었다. 벤저민 애벗은 이 충실한 부하를 칭찬하여 다음과 같이 썼다.

앤더슨 하사는…… 단지 군사 훈련에서 얻은 엄격한 복종의 습관 때문에 발탁되었다. 그의 임무는 화로를 항상 일정한 온도로 유지하고 재가 떨어지는 구멍의 물을 동일한 수준으로 유지하는 것이었다. 저녁에 그는 퇴근을 할 수 있었지만, 어느 날

런던에서 가장 유명한 남성 전용 클럽인 애서니엄은 데이비와 패러데이가 설립자로 참여했다.

밤 패러데이는 깜박 잊고 앤더슨에게 집에 가도 좋다는 말을 하지 않았다. 다음 날 아침 일찍 그는 이 충실한 하인이 타오르는 화로에 여전히 불을 지피고 있는 것을 발견했다. 그는 밤새도록 그 일을 하고 있었던 것이다.

앤더슨은 실험에서 패러데이에게 막대한 도움을 준 것으로 밝혀졌고 패러데이는 항상 그의 공헌을 고맙게 생각했다. 실제로 앤더슨은 새로운 실험에서 패러데이의 보조를 허락받은 유일한 사람이었다.

그룹 연구는 패러데이의 방식이 아니었기 때문에, 연구생이나 동료 연구자를 전혀 고용하지 않았다. 패러데이의 뛰어난 실험 기술을 따라갈 사람이 없었으며 새로 들어온 사람이 실험실의 비사교적 생활에 적응할 수 없었기 때문이기도 하다(그는 때때로 오전 9시부터 오후 11시까지 연구한 것으로 알려져 있다).

한편으로는 많은 고통스러운 기억을 불러일으키는 데이비와의 관계에 대한 대응이었을 것이다. 그러나 다른 무엇보다도, 패러데이에게 세속의 야망이 전혀 없었다는 점이 클 것이다. 그는 어떤 특정한 연구 학파의 창시자로 알려지기를 바라지 않았다.

패러데이의 한결같은 조수 찰스 앤더슨 하사는 약병이 줄줄이 배열된 지하 실험실에서 일했다. 건물 벽면에 있는 넓은 채광창을 통해 들어오는 자연광이 실험실의 유일한 조명이었다.

양초의 화학적 역사

패러데이의 가장 유명한 크리스마스 강의인 '양초의 화학적 역사'는 상상력 넘치는 과학적 설명을 보여 주는 훌륭한 사례이다. 강의는 친숙한 물체인 양초에서 시작하여 모세관 인력, 발광의 원인, 연소의 특성, 양초 제조 방법과 같은 개념으로 이어졌다.

다음 발췌문은 패러데이가 1848년 12월 실시한 연속 강의의 도입부에서 인용한 내용이다. 이 강의는 1861년 출판되었으며 오랜 시간 동안 여러 번 재판되었다. 현재까지도 화학자들에게 막대한 영향을 주는 강의로 남아 있다.

여기서 진행하고 있는 강연을 보러 와 주신 영광에 보답하여, 이 강의 과정에서는 양초의 화학적 역사를 알려 드리고자 합니다. 먼젓번에도 이 주제를 택한 바 있으나, 제 의사에 맡겨 주신다면, 거의 매년 이 주제를 반복하고 싶습니다. 이 주제는 많은 관심이 집중되고 있으며 다양한 철학 부문에 다채로운 표현 방식을 제공하기 때문입니다.

우주의 모든 부분은 하나의 법칙에 따라 작용하며 이 현상에 관련됩니다. 양초의 물리적 현상을 고려하는 이유는 자연 철학 연구를 시작할 수 있는 가장 훌륭하고 가장 개방적인 관문이기 때문입니다.

그러므로 다른 어떤 새로운 주제보다도 오히려 이 문제를 주제로 선택한 점에 대하여 여러분에게 실망을 드리지 않을 것으로 확신합니다. 다른 주제가 아무리 중요하다고 해도 이보다 더 중요하지는 않을 것입니다.
강의를 진행하기 앞서 이 점도 말씀 드리겠습니다. 우리의 주제가 그만큼 대단하며 우리의 의도가 이 주제를 성실하고도 진지하게 철학적으로 다루는 것이지만, 그럼에도 우리 가운데 선배 되시는 모든 분들을 무시하고자 합니다.

저 자신도 미숙한 사람으로서 청소년을 대상으로 이야기하는 것을 허락해 주시기 바랍니다. 지난번에도 그렇게 했고, 괜찮으시다면 이번에도 그렇게 하겠습니다.

그리고 제가 하는 말이 세상에 이미 발표되었음을 잘 알고 이 자리에 섰지만, 그래도 이 경우에는 저와 가장 가깝게 생각되는 사람들에게 하듯이 친숙한 방법으로 이야기할 것입니다.

그럼 지금부터, 청소년 여러분, 먼저 양초가 어떻게 만들어졌는지를 알려 드리겠습니다. 몇 가지는 대단히 신기합니다. 여기 잘 타는 것으로 특히 유명한 나뭇가지 몇 개가 있습니다. 그리고 여기 보시다시피 아일랜드의 습지에서 가져온 '캔들우드'라는 매우 신기한 물질이 있습니다.

이 단단하고 질긴 우수한 목재는 힘의 저항 작용에 분명히 적합하지만, 한편으로는 아주 잘 타올라서 이 나무를 발견한 곳에서는 쪼개서 횃불로 사용할 정도입니다.

이 목재는 양초처럼 타며 실제로 매우 밝은 빛을 내기 때문입니다. 이 목재에서는 제가 알려 드릴 수 있는 한 양초의 일반적인 특성을 갖춘 가장 아름다운 조명이 나옵니다.

제공되는 연료, 화학 작용이 일어나는 장소로 연료를 이동하는 수단, 화학 작용이 일어나는 장소로 규칙적이고 점진적인 공기의 공급, 다시 말해서 열과 빛이 모두 이 종류의 작은 나뭇조각에서 생성되어 실제로 천연 양초를 만들어 냅니다.

Oct 17. 1831

58 The needle did not remain deflected but returned to place each time. The order of motions were (?) as in former expts - the motions were in the direction consis with former expts i.e. the indicating needle tended to become pa lel with the exciting magnet being on the same side of the wire & poles of the same name in the same direction

59 When the 8 helices were made one long helix the effe was not so strong on the galvanometer as before - probably half so strong - So that it is best in pieces & combined at the

60 When only one of the 8 helices was used it was least powerfull - hardly sensible

61 Made a sort of jacket of tin foil round a paper cylin so that being separated at the edges by paper the galvanomet wires could be attached to them, pushed mag net in & out but could perceive nothing at galvanometer. Could hardly indeed expect it because as in introduced there was the part in advance ready to carry the current back - Now in coil, the part in advance could no

62 But jacket may be effectual with iron in its pla made a magnet at once either by contact of bars or by a round it.

Oct. 18. 1831

62 Again charged battery of 12 troughs 10 pl. each 4 in square

8

새로운 전기 시대가 시작되다

1831년 10월 17일 패러데이는 종이 원통에 전선 코일을 감고 양끝을 연결한다고 기록했다. 자석을 원통 안에 넣었을 때 바늘은 급격한 편향을 나타내며 전파를 띠었다.

1820년대 후반부터 1830년대 초반까지, 패러데이는 해방감과 모험심을 갖기 시작했다. 부분적으로는 그의 인생에 그림자를 던진 두 인물의 사망 때문일 것이다. 그를 심하게 비판했던 윌리엄 울러스턴은 1828년 사망했고 패러데이가 많은 신세를 졌지만 점차 커져 가는 시기심을 견디기 어려웠던 데이비는 그 이듬해 사망했다.

평생 처음 맞이한 행복

처음으로 패러데이는 홀가분하게 왕립학회의 책임을 받아들여 1828년부터 1831년까지 평의회에서 일했다. 1829년에 그는 유명한 왕립학회 베이커리언 강의를 했고, 1832년에는 두 번째 베이커리언 강의를 했으며 뛰어난 과학 연구에 대해 수여하는 명예로운 코플리 상을 받았다.

두 번째 베이커리언 강의에 덧붙여 1832년에 패러데이는 진동판에 놓인 미세한 분말에서 무늬가 생성되는 '음향 형태'에 관한 논문도 발표했다.

패러데이는 클라드니가 발견한 이 형태가 음향 진동에 의해 생길 뿐만 아니라 공기나 물과 같은 주변 매질에도 영향을 받는다는 점을 밝혀냈다. 논문은 과학적 정밀성을 갖춘 걸작이었으며, 저자의 새로운 확신과 과학적 완성도가 돋보였다.

클라드니 (1756~1827)
독일의 물리학자. 고체와 기체 내의 소리의 속도를 측정하고 '클라드니 도형'을 발견하였다. 음향학의 창시자로 불리며, 저서에 『음향학』이 있다.

사라와 함께하는 생활도 만족스러웠다. 아이가 없는 결혼 생활이었지만 그들의 행복은 변함없었다.

부부는 아이들을 무척 좋아했다. 왕립연구소의 감독관 방에서는 그들을 방문하러 온 조카들의 발랄한 웃음소리가 자주 들렸다. 결국 사라의 조카들 가운데 제인 바너드와 마저리 앤 리드는 몇 년 동안 거의 양녀와 다름없이 그들과 함께 살았다.

패러데이는 남성보다 여성과 어울리는 것을 더 좋아했다고 전해진다. 다른 샌더매니언 가족들도 방문했으며, 마이클 패러데이는 아이들과 뛰어놀거나 아래층 계단식 강의실 주변의 반원형 복도에서 자전거를 타고 아이들과 놀 때 가장 마음 편했다.

가정, 교회, 실험실의 바쁜 생활

가정에서, 패러데이는 개인 서재에서 긴장을 풀고 샌더매니언 신앙으로 확대된 가족을 맞이할 수 있었다. 두 집안 간 이중 결혼(패러데이 가족과 하스트웰 가족의 경우와 같이)은 많았기 때문이다. 마이클 패러데이의 여동생 마거릿은 사라의 형제인 존과 결혼했고, 사라 바너드 가족 중 몇 사람은 뉴캐슬 샌더매니언 신도인 리드 가족과 결혼했다. 패러데이의 형 로버트와 누나 엘리자베스도 런던 집회의 신도와 결혼했다.

사적인 공간 외에, 마이클 패러데이와 사라는 교회에서 일요일 대부분을 보냈다. 설교와 기도를 위한 두 번의 예식 사이에 성찬식이 있었고, 각 예식은 세 시간 동안 진행

앙드레 마리 앙페르는 전선을 통과하는 전류에 관한 법칙을 발견한 프랑스의 수학자 겸 물리학자였다. 전류의 단위인 암페어는 그의 이름에서 나왔다.

되었다.

이와 같은 영적 마라톤 후에는 가족 친목을 위한 시간이 있었고 수요일 오후에 후속 모임이 열렸다. 주중에 마이클 패러데이는 특히 어려움에 처한 다른 샌더매니언 신도들을 방문하기 위해 가끔 외출했다. 집사(1832년)와 장로(1840년)로 승인된 후 이 일에 더 많은 책임이 생겼으며, 그는 점차적으로 런던과 인근 지역의 샌더매니언 집회에서 설교에 관여하게 되었다.

실험실에서, 패러데이는 1830년대 초반에 화학 연구를 계속했지만 10년 전 첫 발견 후 거의 단념했던 전자기 분야로 돌아왔다. 패러데이가 1820년대의 성공을 즉시 이어가지 못한 데에는 많은 이유가 있다. 특히 화학 연구, 결혼생활, 샌더매니언 교회의 책임까지 우선 처리해야 할 다른 일들이 있었다.

전자기학의 진보

무엇보다 근본적인 이유는 앙드레 마리 앙페르의 전자기 이론에 대한 그의 양면적 태도였다. 그는 프랑스 과학자 앙페르의 생각을 존중했지만, 한편으로는 자기를 전류의 부수적 효과로 간주할 수 없었다. 오히려 패러데이는 전선 둘레로 자석을 움직이는 원형의 힘이 전류를 전달하는 전선을 둘러싸고 있다고 생각했다.

그는 전기와 자기에 관해 훨씬 더 균형 잡힌 견해를 가지고 있었으며, 둘 중 하나를 다른 것보다 더 중요하게 보지 않았다. 전류로 자기 효과를 생성했을 때 그는 '자기를 전기로 변환' 하고 싶었지만, 전자기 이론이 혼란한 상태였기 때문에 당시에는 연구를 단념했다.

그러나 1820년대에는 프랑스의 천문학자 겸 물리학자 프랑소와 아라고와 영국의 발명가이자 구두 직공인 윌리엄 스터전을 비롯한 다른 사람들의 힘으로 전자기학에서 많은 진보가 이루어졌다.

아라고는 전기가 흐르는 전선을 코일에 감으면 코일 안에 넣은 강철봉이 자기를 띠게 된다는 점을 발견했다. 그는 평면 구리 원반을 수평으로 밑에 장착할 때 나침반 바늘이 기이한 작용을 나타내는 실험도 수행했다.

일반적으로 나침반을 움직이면 나침반 바늘이 멈추기까지 약간 시간이 걸리며 때로는 100회 이상 진동하지만, 원반이 있을 때는 진동 횟수가 매우 작은 숫자로 축소된다. 구리는 비자기 금속이면서도 나침반 바늘에 전도성 전선의 효과를 나타내고 있었다.

최초의 전자기 유도 실험

윌리엄 스터전은 전자석을 발명했다. 그는 말편자 모양으로 구부려 절연 니스로 한 겹을 덮은 연철 조각에 구리 전선 코일을 세심하게 감았다. 스터전은 전선에 전류가 통과할 때 철이 자기를 띠게 되며 4kg 무게의 철을 들어 올릴 수 있다는 사실을 발견했다. 전류를 끊으면 자기는 사라지고 들어 올린 철은 떨어졌다.

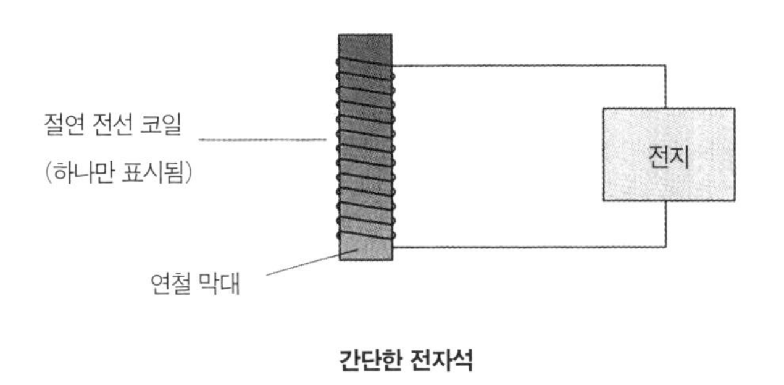

간단한 전자석

유감스럽게도 패러데이는 전자석의 발명과 그 밖에 전자기 분야의 중요한 발견에 대한 스터전의 합당한 주장을 아무 말 없이 지나쳤다. 확실히 이 경우 그는 명백히 돌아가야 할 공로를 인정하지 않았다. 그는 보잘것없는 구두 직공을 유명한 울러스턴보다 더 심각한 경쟁자로 생각했던 것인가?

이와 같은 진기한 발견은 전자기에 관한 패러데이의 관심을 다시 일깨우기에 충분했다. 1831년 8월 그는 일생 중 가장 위대한 발견 중 하나를 이끌어 낸 중요한 실험을 시작했다.

그는 외부 지름 약 15센티미터의 연철 고리에 전선 두 개를 감은 간단한 장치를 설치했다. 이 전선 중 하나는 각 끝에 전지를 연결하고, 다른 전선의 끝은 서로 맞붙였다.

하지만 회로의 한 지점에는 축을 중심으로 회전하는 자기를 띤 바늘을 짧은 길이의 전선 밑에 평행하게 놓았다.

전지가 포함된 회로를 연결하거나 끊으면 다른 회로 근처에 있는 바늘은 급격히 움직이다가 멈췄다. 그러므로 첫 번째 회로에서 전류의 변화는 철 고리의 자기에 영향을 미친다는 결론이 나왔다.

이 사실은 이미 잘 알려져 있었지만, 새로운 것은 두 번째 회로의 변화였다. 바늘이 움직였다면 틀림없이 위에 있는 전선을 통해 전류가 흘렀을 것이다. 그렇다면 전기가 자기 효과를 생성했을 뿐 아니라 자기도 전기를 생성했다는 것이다.

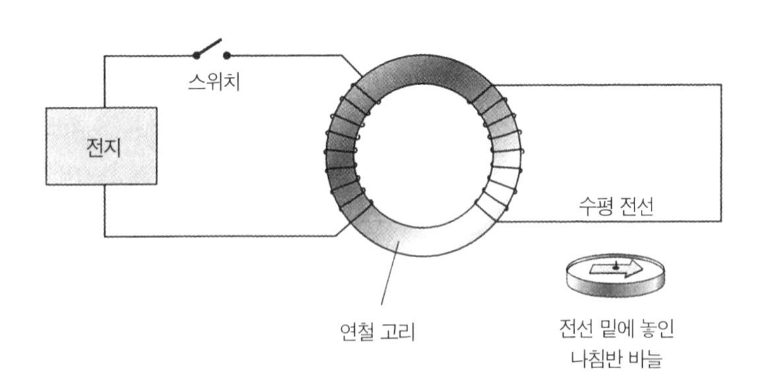

패러데이가 그때까지는 이 주장을 저술로 밝히지 않았지만, 이것은 최초로 기록된 전자기 유도의 사례였다. 그

는 하루나 이틀 동안 실험을 계속하고 3주 휴식한 후 다시 시작된 에너지 문제로 돌아갔다.

발전기를 발명하다

9월 24일 패러데이는 영구 막대자석 두 개와 짧은 연철봉 하나로 구성된 삼각 배열을 만들었다. 한 자석의 북극과 다른 자석의 남극에 연철봉을 연결하는 방식이었다.

연철봉에 전선 코일을 감고 양끝을 맞붙인 후, 전과 같이 자기를 띤 바늘 근처에 놓았다. 영구 자석 중 하나를 움직이면 바늘은 위에 있는 전선에서 전류의 통과를 나타냈다.

이것은 자석의 위치 변화만으로 전류가 생긴다는 증거였다. 다른 전기 회로를 사용할 필요는 없었다. 자기만으로 전기를 얻었다.

며칠 후, 그는 철봉을 목재로 교체했다. 이 경우에는 자기를 띤 바늘에 미치는 영향이 거의 없었다. 첫 번째 철 고리 실험으로 돌아가서 그는 작은 간격으로 두 번째 회로를 중단하면 철 고리가 자기를 띨 때 전기 불꽃이 간격을 뛰어넘는다는 점을 밝혀냈다.

10월 17일, 그는 전선 코일을 종이 실린더에 감고 양끝을 평소와 같이 연결했다. 자석을 실린더 안에 넣었을 때 마치 전파가 있는 것처럼 바늘은 급격한 편향을 나타냈다.

다른 실험을 통해 그는 자기가 실제로 전류를 생성하며

철 금속이 이 실험에서 특히 중요한 역할을 한다는 점을 확신했다.

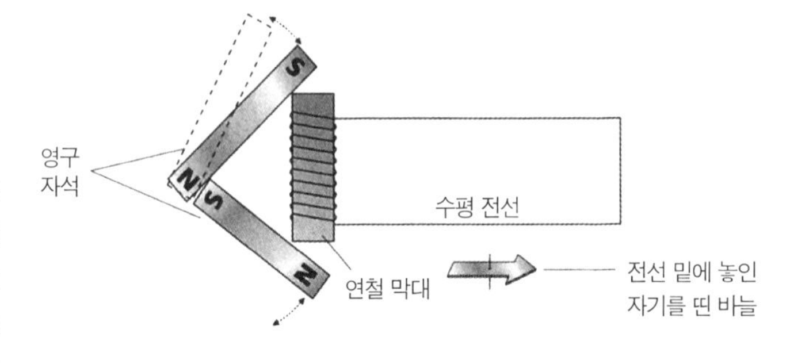

자석 중 하나가 움직일 때 자기를 띤 바늘은 편향을 나타냈다. 이 현상은 위에 있는 전선에 전류가 통과한다는 사실을 보여 주며 자기에서 전기가 생성된다는 점을 증명한다.

주목해야 할 점은 그때까지 패러데이가 연속 전류를 얻지 못했다는 것이다. 하지만 며칠 후 그는 가능한 방법을 생각해 냈다.

그는 자석의 양극 사이에서 구리 원반(아라고가 사용한 것과 동일한 원반)을 회전시키고 원반에 연결된 회로에서 전류를 감지할 수 있는지 확인하는 방법을 떠올렸다. 회로의 한쪽 끝을 원반이 회전하는 황동 축에 연결하고 다른 쪽 끝을 움직이는 바퀴의 가장자리에 접촉시킨 간단한 배열을 만들었다.

패러데이의 말을 직접 인용한다면, "일반 자석으로 영구 전류의 생성"을 얻었다. 그는 발전기를 발명했던 것이다.

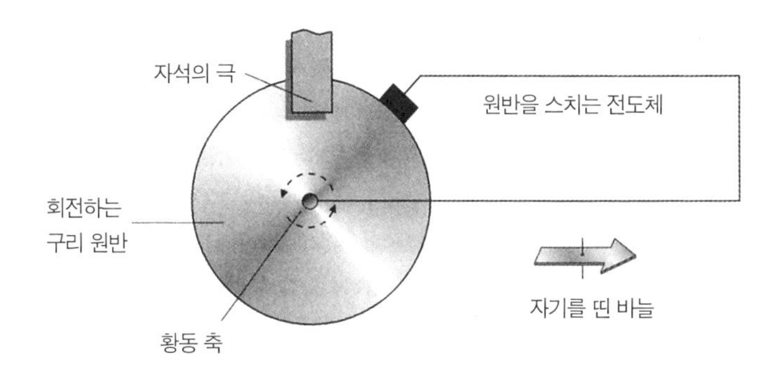

새로운 전기 시대의 시작

11월에 거의 논란 없이 왕립학회에 결과가 보고되었다. 패러데이는 자기가 전기로 변환된 것이 실제로 놀랍지 않았다고 일기에서 털어놓았다. 그렇다면 1831년 마지막 몇 달은 10년 동안 간직한 꿈의 실현을 의미했다.

패러데이는 발표된 논문에서 실험적 사실을 넘어서지 않도록 조심했지만, 그의 마음속에서 서서히 완성되고 있는 생각이 많은 연구에 잠재해 있었다. 이 생각은 전류의 통과로 전선에 유도되는 긴장 또는 변형 상태인 '전기 긴장 상태'의 개념이었다.

전기가 흐르는 즉시 전기 긴장 상태가 설정되며 이 긴장은 자기를 띤 바늘의 편향을 일으킨다. 전류가 멈추면 바늘은 반대 방향으로 편향된다.

그러므로 전선을 따라 흐르는 전기 유체가 있는 것이 아니라, 한 입자에서 다음 입자로 내려가는 변형의 파동이 있는 것이다. 문제는 이 전기 긴장 상태에 대한 실험적 증거를 얻을 수 없다는 점이었다. 그럼에도 이 개념은 이후 여러 해 동안 패러데이의 마음속에 지표(指標)적 원리로 남아 있었다.

이 발견은 패러데이에게는 새로운 전기 연구의 시작이었으며, 인류 문명에는 새로운 전기 시대의 시작이었다. 패러데이는 예상할 수 없었지만 이 발견에서 현대적 발전기가 등장했고 이 발견에 기초하여 거대한 전기 산업이 형성되었다.

결과가 발표된 직후, 영국의 수상 로버트 필 경이 왕립연구소를 방문했다. 그는 패러데이에게 새로운 전기 발견의 용도가 무엇인지 물었고, 패러데이는 "모르겠습니다만, 언젠가 정부가 거기에 세금을 물릴 것이 분명합니다"라고 대답했다. 물론 그는 옳았다.

〈문학잡지〉의 오보에 화가 난 패러데이

1831년 말 패러데이는 자기장에서 움직이는 원반을 사용하여 전지와 같이 연속적인 전류를 제공할 수 있는 새로운 장치를 발명했다.

그는 원시적인 발전기를 자랑스럽게 여겼으므로, 〈문학잡지〉의 편집자가 1832년 초에 패러데이가 이탈리아에서 연구하는 두 물리학자에게 졌다고 발표했을 때 당연히 화가 났다.

실제로 레오폴도 노빌리와 빈센조 안티노리라는 두 이탈리아인은 당시 파리에 유포된 왜곡된 기사를 읽고 패러데이의 실험을 반복했으며 원전에 대해 충분히 감사의 뜻을 표시했다.

조심성 없는 편집자는 "어떤 기사도 이것보다 더 불쾌한 적은 없었다"는 패러데이의 신랄한 편지를 받아야 했다. 〈철학회보〉에 발표된 패러데이의 왕립학회 보고서 전문과 주석을 〈철학잡지〉에 실린 이탈리아인들의 논문 번역본에 첨부하는 식으로 문제는 해결되었다.

하지만 이 사건으로 패러데이의 성격 중에서 거의 알려지지 않은 측면이 드러났다. 말하자면, 연구의 우선권 및 소유권 문제에서 패러데이 자신의 권리에 민감하다는 점이었다.

틴들의 단언에 따르면, 거의 항상 억제되었지만 "그의 다정함과 상냥함 밑에는 화산의 열기가 있었다." 고 했다.

패러데이는 초기 울러스턴과 데이비의 비난이 연상되었으므로 다른 사람의 연구를 모방한다는 혐의에 심하게 동요했다. 그는 전기 연구를 계속했지만, 이 논란이 재현된 이후 발견의 독창성을 손상시킬 수 있는 조기 누출을 피했다.

한편 패러데이는 더 근본적인 문제에 직면했다. 여러 해 동안 그는 다양한 근원에서 전기 효과를 얻을 수 있었다.

그중에서도 가장 오래된 것은 번개의 방전을 통해 또는 흑단과 같은 물질로 머리카락이나 비단을 문질러서 얻을 수 있는 정전기였다.

이 경우 작은 불꽃을 보거나 들을 수 있었다. 특정 동물이 전기 충격처럼 보이는 작용을 가하여 공격자를 물리칠 수 있다는 사실도 오래전부터 알려졌다

18세기 중반 이후, 절연 접시에서 황이나 수지를 가열하면 일종의 대전이 발생한다는 사실이 알려졌다. 이것은 나중에 열전기라고 불렸다.

다른 종류는 1800년에 알레산드로 볼타가 구리, 아연, 젖은 종이로 만든 원반을 교대로 쌓아 올려 연속적인 전류를 일으켰을 때 나타났다.

볼타의 전지는 실제로 최초의 전지였다. 이 대전은 발견자의 이름을 따서 볼타 전지라고 불렸다. 그리고 패러데이 자신은 자기 전기라는 다른 종류의 존재를 증명했다.

정전기는 주로 검전기의 금박을 갈라지게 하는 능력으로 감지되었으며 불꽃뿐만 아니라 열도 일으킨다고 알려졌다. 발표된 해부터 많은 연구자들이 볼타 전지를 정밀하게 연구했다.

1800년 저술가 윌리엄 니콜슨과 런던 외과의사 앤터니

대전

모든 물체는 음전하를 가진 전자와 양전하를 가진 원자핵으로 구성되어 있다. 보통 때에는 음전하와 양전하의 양이 같아서 전기적으로 중성인 상태를 유지한다. 그러나 물체가 어떤 원인에 의하여 음전하 또는 양전하의 양이 우세해지면, 우세한 쪽의 전기적 성질을 띠게 되는데, 이를 대전이라고 한다. 물체를 대전시키는 방법은 다른 대전체와 접촉시키는 방법, 마찰전기에 의한 방법, 정전기유도에 의한 방법 등이 있다.

칼라일이 발견한 다른 현상도 동일한 효과를 보였다. 많은 화학 약품 용액을 분해할 수 있는 이 능력은 전기 분해로 알려지게 되었다.

패러데이에게 흥미로운 문제는 이 모든 형태의 전기가 실제로 동일한지의 여부였다.

1832년 무렵 그는 다양한 근원에서 나온 전기의 일반적 효과(예를 들면, 자기 또는 화학 분해)를 검사하여 이 사실을 증명했다.

따라서 앨버말 거리의 작은 실험실에서, 현재 새로운 단일 과학으로 통합된 전기 연구에 대단히 중요한 결론이 나왔다. 전기학이 새로운 통일성을 얻었을 뿐만 아니라 물리학과 화학이 전기 화학이라는 새로운 과학으로 결합했다.

패러데이의 전기 분해 법칙

패러데이는 다양한 근원에서 나온 전기의 일반적 효과를 연구했을 뿐만 아니라, 바늘의 편향을 기준으로 전류의 통과를 측정하는 기구인 검류계를 통해 동일한 양의 정적 볼타 전기를 방전하는 효과도 연구했다.

그는 모든 강도(전압)의 전기에서 정확히 동일한 결과를 얻었다. 실제로 그는 운이 좋았다. 일반 검류계는 전류량을 측정하지 않고 전류 흐름을 측정하지만, 패러데이는 매우 작은 전류 충전에 반응하는 충격 검류계로 알려진 특수 기구를 사용했다.

그러나 화학 분해에서 유사한 양적 측정을 할 수 있을까? 예를 들어 유리(遊離)된 수소의 부피나 침전된 구리의 무게를 측정하여 범위를 평가할 수 있다.

1832년이 끝날 무렵, 패러데이는 '전기 화학 분해'를 연구하기 시작했다.

그는 볼타미터를 사용하여 전류가 용액을 통과할 때 방출되는 기체의 부피를 측정했다. 그는 황산 희석액이 담긴 일련의 컵에 전류를 통과시켰으며, 전류를 용액 속으로 또는 밖으로 유도하는 전도체의 종류에 모든 종류의 변형을 적용했다.

결과는 그가 예상했던 대로였다. 말하자면 전기 화학 작용의 범위는 전류의 양에만 의존했다. 그는 "전류의 통과로 생성된 화학 변화의 양은 통과된 전기의 양에 비례한다"는 패러데이의 첫 번째 전기 분해 법칙으로 알려진 결론에 도달했다.

1833년 말에, 패러데이는 전압전류계에서 물에 용해된 다양한 물질로 실험을 시작했다. 그는 곧 "일정한 양의 전기로 분해된 양은 침전되거나 유리된 물질의 화학 당량에도 의존한다"는 패러데이의 두 번째 전기 분해 법칙으로 알려진 다른 결론에 도달했다.

화학 당량은 수소의 1 단위 무게를 치환하거나 화합하는 무게이다. 예를 들면, 수소 1그램을 치환하는 아연의 그램 수이다.

오늘날 1 화학 당량(예를 들어, 수소 1그램)을 유리시키기 위해 필요한 전기의 양은 '패러데이'로 알려져 있다. 이 두 법칙은 전기 화학의 양적 기초를 이루었다.

상대성 이론의 시초가 된 연구

전기 분해에 대한 패러데이의 이론적 설명은 오래전에 대체되었다. 그의 생각에 따르면, 전류는 중성 입자를 '이온'이라는 하전 입자로 분해한다. 하전 입자는 반대로 하전된 전도체로 이동한 후 방전된다.

전기 분해는 초기의 전기 긴장 개념에 따라 적절하게 설명되는 것처럼 보였다. 하지만 많은 연구 이후에도 실험적 증거가 나오지 않았으므로, 여전히 가설로는 유지하고 있었지만 '실험 결과로는' 결국 1835년 두 번째로 전기 긴장 상태를 단념했다.

패러데이는 이 문제를 해결하지 못했지만, 그의 연구에 따라 마침내 제임스 클러크 맥스웰이 장(場) 이론을 자기와 전기에 적용하는 방법을 밝혀냈다.

여러 해가 지난 후, 앨버트 아인슈타인은 이 개념을 더욱 발전시켜 통일장 및 일반 상대성 이론을 완성했다. 전기 화학에서 현재 당연하게 생각되는 많은 개념이 패러데이에 의해 생겨났다.

예를 들면, 전기를 통해 화학 용액을 분해하는 과정인 '전기 분해', 분해되는 용액 속의 물질인 '전해질', 전류가 용액으로 들어가거나 나가는 전도체인 '전극', 전류가 나

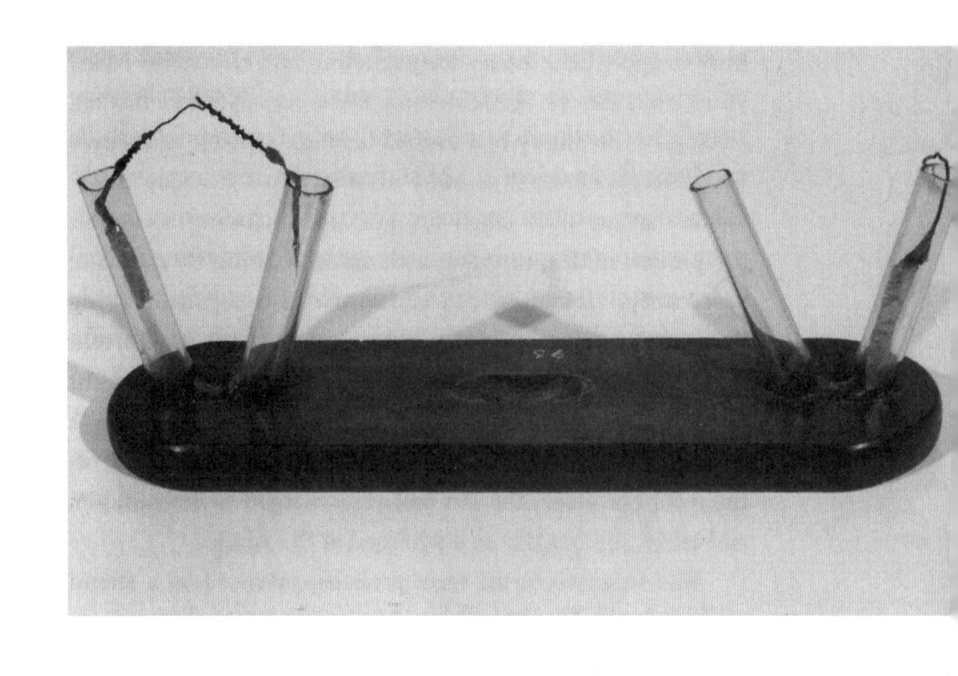

패러데이는 전류의 화학적 효과에 대한 연구에서 이 장비를 제작해 사용했다. 그는 전기 분해할 용액을 V자형 유리 용기에 넣었다.

가는(음의 전극) '음극', 전류가 들어가는(양의 전극) '양극', 용액 속의 하전 입자인 '이온', 음극에서 방전되는 이온인 '양이온', 양극에서 방전되는 이온인 '음이온' 등이 있다.

처음 두 용어는 패러데이의 친구인 위트록 니콜 박사가 고안했고, 나머지는 케임브리지 트리니티 칼리지의 학장인 수학자 윌리엄 휴얼이 고안했다(그는 '과학자'라는 단어도 고안했다).

패러데이가 용어를 처음 발명한 것은 아니었지만, 그는 1834년 강의에서 낭독한 후 〈철학회보〉에 발표한 논문에서 용어를 도입하여 대중화했다. 패러데이는 변화무쌍한 정신에 맞게 다양한 프로젝트를 운영하며 전기 화학에서 이와 같은 진보를 달성했다.

도선사 협회의 과학 고문으로 임명되다

1833년 패러데이는 물을 형성하는 수소 기체와 산소 기체 간의 반응에 백금을 촉매로 사용할 수 있음을 발견했다. 당연히 그는 기체가 금속 표면에 흡수되기 때문이라고 결론지었다(이 금속은 많은 불순물의 중독에도 민감하게 작용한다).

금속 표면에 관한 동일한 주제에서, 그는 질산을 사용하여 철을 '비활성' 또는 무반응으로 변화시킬 때 아마도 원인은 보이지 않는 얇은 막의 산화철이 보호하기 때문일 것이라고 결론지었다.

그 밖에도 납에 대한 화약의 작용부터 황산나트륨, 생고무(천연 고무), 염소를 포함한 새로운 액체 살균제의 실험까지 광범위한 연구를 수행했다.

1836년 잉글랜드와 웨일스 해안의 모든 등대를 책임지는 단체인 도선사 협회의 과학 고문으로 임명되면서 패러데이는 과학의 대규모 적용에 관해 훨씬 더 지속적인 계획을 세우게 되었다. 그는 1865년까지 이 직위를 유지했다.

그는 통풍, 안개 신호, 렌즈 제조, 난방용 오일, 새로운 전기 조명의 장점에 대한 조언을 포함하여 모든 종류의 임무에 관여했다.

패러데이는 연료 소비와 조명 생성으로 등대를 더욱 효율적으로 만들고자 노력했다. 그는 도선사 협회의 업무를 위해 불편을 무릅쓰고 자주 광범위한 지역을 여행해야 했다.

다음 설명은 이를 상당히 잘 보여 준다. 그날은 1860년 2월이었고, 그는 69세였다.

지난 월요일(이달 13일)에는 도버에 갔다. 애시퍼드와 도버 사이에서 눈보라를 만나 기차에 거의 갇혔다. 그날 밤에는 등대로 갈 수 없었다. 다음 날 고원의 도로가 눈으로 막혀 런던으로 돌아갔다. 금요일에 다시 도버로 갔고, 도로에 눈이 없기를 바라면서 그날 밤 마차를 타고 움직였다. 등대로 가는 길은 여전히 막혔지만 울타리와 벽과 들판을 넘어 그곳에 도착했으며,

필요한 조사와 관찰을 수행했다.

도선사 협회를 포함하여 상당히 많은 자문 업무가 수입을 늘리려는 희망에서 시작되었을 것이라고 추측하기 쉽다. 확실히 그는 초창기에 왕립연구소가 관대하다고는 생각하지 않았으며, 그의 연간 수입은 1813년 57파운드에서 1853년 겨우 300파운드로 올랐다.

1830년대 무렵 패러데이의 연간 강의료는 약 300파운드였고, 1835년부터 왕실은 연간 왕실 연금 300파운드를 주었다. 모두 합쳐도 그의 예상 수입은 매년 1,000파운드, 현재 가치로는 최대 10만 달러 정도였다.

패러데이처럼 세속적이지 않은 사람이 이렇게 넉넉한 수입을 받으면서 얼마나 행복할 수 있었는가에 관한 문제가 제기된다.

왕립연구소가 거듭되는 재정적 위기를 겪고 있었기 때문일 수도 있었지만, 실제로 패러데이는 특히 모든 중요한 업적을 고려할 때 보수를 적게 받는다고 느꼈다. 그럼에도 그는 분명히 적절한 보수를 받을 자격이 있다고 느꼈으며, 이것은 샌더매니언 신앙이나 성서의 실제 가르침과 모순되지 않았다.

"하나님과 재물을 아울러 섬길 수 없다"

샌더매니언 신도로서 패러데이는 "하나님과 재물을 아

울러 섬길 수 없다"(마태복음 6:24), "먼저 하나님의 나라를 구하라"(마태복음 6:33)와 같은 명령을 포함하여 부에 관한 성서의 견해를 충실히 따랐다.

패러데이 자신의 성서에는 "돈을 사랑하는 것이 모든 악의 뿌리입니다"(디모데전서 6:10), "돈을 사랑함이 없이 살아야 하고, 지금 가지고 있는 것으로 만족해야 합니다. 주님께서 친히 말씀하시기를 '내가 결코 너를 떠나지도 않고, 버리지도 않겠다' 하셨습니다."(히브리서 13:5) 같은 긴 구절에 연필로 뚜렷이 줄이 그려져 있었다.

그러니 패러데이와 동료 신도들은 돈이 그 자체로는 완전히 가치 없는 목표지만 정직하게 벌어들여 현명하게 쓴다면 돈의 소유를 인정할 수 있다는 균형 잡힌 견해를 가지고 있었다.

지금까지는 기부의 성격이나 범위를 알 수 없지만, 패러데이는 이 철학에 의해 많은 돈을 자선 사업에 기부했고 식솔들을 잘 부양했다.

패러데이의 왕립연구소 동료인 물리학자 존 틴들은 1830년대 무렵 패러데이의 외부 수입이 급격히 줄어들었고 말년에는 그가 도선사 협회 봉사에 대한 200파운드의 봉급도 받지 못했다고 단언했다. 그러나 그가 원했다면 1832년 이후 매년 5,000파운드를 벌 수 있었다고 한다.

그리고 패러데이는 어떤 발명에 대해서도 전혀 특허를 얻지 않았다. 이 모든 사실에서 세속적인 부에는 거의 관심이 없는 사람의 일관된 모습을 그릴 수 있다.

따라서 패러데이가 상업의 세계에서 일하기로 결정했을 때는 언제든 재산을 늘리기 위한 목적이 아니었다. 오히려 그는 그 자체를 위한 지식을 추구했다.

그뿐 아니라 그는 폭발 위험에 직면한 광부든 폭풍에 흔들리는 배에서 영국 등대의 환영 및 경고 광선을 근심스럽게 주시하는 선원이든 상관없이, 동료 시민의 물질적 이익을 위해 과학을 이용하는 문제에 깊이 몰두했다.

이 감정은 그의 성서에 뚜렷이 표시된 다른 구절에서 잘 나타난다.

"선한 일을 하다가, 낙심하지 맙시다. 지쳐서 넘어지지 아니하면, 때가 이를 때에 거두게 될 것입니다."(갈라디아서 6:9)

London Institution.

Saturday Oct 22
1842

My dear Sir

I have just completed a curious voltaic pile which I think you would like to see, it is composed of alternate tubes of oxygen & hydrogen through each of which passes platina foil so as to dip into separate vessels of water acidulated with sulphuric acid the liquid just touching the extremities of the foil as in the rough figure below - the

ox hy ox hy ox hy ox hy

9

자기광학의 기초가 된 '패러데이 효과'

물리학자이자 법률가인 윌리엄 로버트 그로브는 1842년 패러데이에게 보낸 이 편지에서 '가스 전지' 또는 연료 전지의 발명을 설명했다.

패러데이가 전류 전기학과 자기학을 연구할 때는 항상 전기나 자기의 감응이 실제로 어떻게 전달되는가에 관한 문제가 끈질기게 따라다녔다. 패러데이의 시대에는 전기와 자기감응의 전달에 관해 상당히 일반적인 설명이 두 가지 있었으나 그는 두 가지 이론을 모두 거부했다. 하나는 화학자 존 돌턴이 제안한 것과 같은 물질적 원자의 이론이었다. 다른 하나는 효과를 전달하는 중간 물체가 없으면 물체는 서로 끌어당긴다는 원거리 작용에 대한 오랜 학설이었다. 이것은 패러데이가 원거리 간에 에너지를 전달하는 역학 작용인 '장(場)'의 이론에 도달하게 된 한 가지 이유였다. 아마도 그는 18세기 이탈리아의 수학자 보스코비치가 제안한 유사한 생각에서도 힌트를 얻었을 것이다.

원자와 장(場)을 기록한 패러데이의 비망록

역선
자석의 주위, 전류의 주위, 지구의 표면과 같이 자기의 작용이 미치는 공간이나 전기를 띤 물체 주위에서, 전기 작용이 존재하는 공간의 크기와 방향을 보이는 선. 패러데이가 도입한 개념으로, 지력선이라고도 한다.

패러데이는 빈 공간에도 일종의 힘이 분명히 존재한다고 보았다. 그는 처음에는 '자기 곡선'에 대해, 그 다음에는 '역선'에 대해, 결국에는 '자기장'에 대해 이야기했다. 역선은 자석 위에 놓인 종이 한 장에 철가루를 뿌리는 친숙한 실험으로 명쾌하게 증명할 수 있었으며 이 실험에서 확인된 선은 그의 전기 긴장 상태 이론을 무용지물로 만들었다.

그는 고체 전도체를 위해 전기 긴장 상태 이론을 마지못해 포기했다. 계속해서 패러데이는 지구의 자기에서 나오는 역선이 북극광과 같은 현상의 원인일 수 있다고 제안했다. 북극광은 북극 근처의 하늘에서 볼 수 있으며 아마도 전기적으로 하전된 입자 때문에 발생할 것이다.

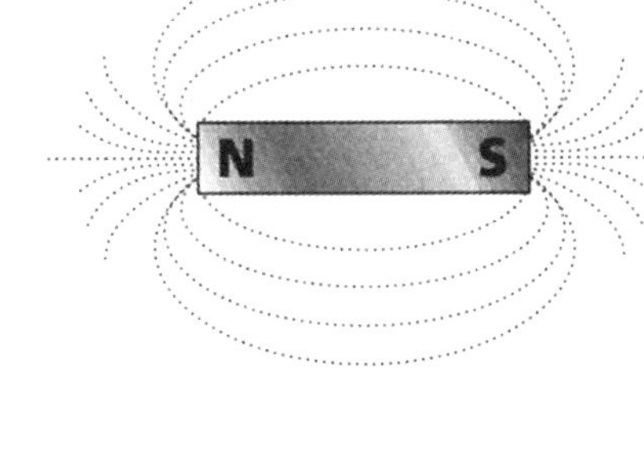

1960년대 후반에 전기공학회 도서관에서 문서 하나가 발견되었다. 그것은 원자와 장에 관한 생각을 분명히 설명한 패러데이의 개인 비망록이었다. 발표된 논문과는 달리 비망록에는 신에 대한 언급이 여러 번 있었다.

자석 바로 위에 배치된 종이 한 장에 철가루를 뿌린다. 종이를 가볍게 두드리면 철가루는 '역선'을 따라 정렬한다.

그중 하나는 신이 물질의 핵과 같이 쉽게 점중심 둘레로 '힘'을 배치할 수 없는가에 관한 의문이었다. 전능한 신에 대한 믿음에서 그는 점중심과 주변의 장에 대한 생각에 이끌렸다.

이 문서를 발견한 토론토의 트레버 르베르 교수는 이 새로운 생각이 "그의 종교가 부여한 세계상에 적합했다"고 논평했다. 이후 어느 작가는 "패러데이는 문자 그대로 주님의 들판에서 놀았다."고 표현했다.

패러데이의 이름을 딴 '패럿' 단위

전기력의 전달을 계속 연구하기 위해 패러데이는 전류 전기와 자기를 떠나 정전기로 돌아갔다. 정전기 충전은 다양한 종류의 축전기에 저장할 수 있었기 때문이다. 축전기는 라이덴 병이나 약간 더 큰 다른 구체 안에 들어 있는 속이 빈 황동 구체일 수 있었다. 하지만 이 축전기 중에서 1835년 패러데이의 설계에 따라 만들어진 것보다 더 화려한 것은 없었다. 그것은 각 면이 3.6미터 길이이고 철망으로 덮인 목재 골격의 정육면체였다.

패러데이는 속이 빈 용기에서 유도된 전하가 외부 표면에 존재한다는 사실을 알고 있었지만, 외부에만 있고 내부에는 없다는 점을 증명해야 했다. 따라서 그는 기구를 가지고 직접 들어갈 수 있을 만큼 큰 새장을 만들었다. 막대한 양의 정전기로 새장이 울렸지만 그가 예상한 대로 전하는 없었고 그는 무사했다. 이것은 결국 계단식 강의실에서 했던 가장 극적인 실증 강의인 '패러데이 새장' 이었다.

훨씬 더 작은 규모로, 1837년 패러데이는 구형 축전기 하나를 선택하여 판 사이에 절연체를 끼워 넣으면 절연체의 재료에 따라 다른 양의 전하를 얻는다는 점을 밝혀냈다. 관심이 집중되는 문제는 판을 충전하려고 시도할 때 전기가 절연체(또는 '유전체')를 관통하는 시간이었다. 그는 유전체가 전하의 통과를 허용하는 용량의 단위를 '유도 비용량' 이라고 했으며, 현재는 일반적으로 유전 상수로 알려져 있다.

발견자에게 경의를 표하는 의미에서, 현재 이 용량은 패러데이의 이름을 딴 '패럿' 단위로 측정된다. 다른 과학자 중에 자신의 이름을 따서 명명된 단위가 두 개 있는 사람은 없다. 패러데이는 유전체 안에서 서로 밀치는 인접 입자를 기준으로 이 효과를 설명했다. 각 입자는 옆에 있는 입자에서 전하를 받는다.

기억 상실증과 함께 찾아온 토리당원이라는 불명예

1838년과 1840년 사이에 패러데이의 건강은 나빠지기 시작했다. 처음에는 류머티즘과 피로였지만 머지않아 그가 앓고 있는 질병은 단기 기억 상실을 동반한 현기증 발작으로 드러났다. 기억 상실은 패러데이가 단연 가장 견디기 어려운 고통이었다.

1839년 말, 그는 휴가를 받을 수밖에 없었고 1841년에 스위스로 8개월간 여행을 떠났다. 그 후 3~4년 동안 그는 거의 모든 연구 시도를 포기해야 했다. 이 기간 동안 그는 강의와 강연을 몇 번 했고 샌더매니언 교회에서 장로가 되었지만 많은 시간을 극장, 동물원, 집에서 쉬면서 보냈다. 이처럼 강요된 휴식은 어떤 사람에게는 매력적일 수 있지만, 연구가 의무이자 즐거움인 패러데이에게는 참기 힘든 고통이었다.

1844년 내무장관은 더럼 지방의 하스웰 탄광에서 성인과 청소년 남성 95명의 목숨을 빼앗은 광산 폭발 사건에 전문가 증인 자격으로 그를 불렀다. 패러데이와 지질학자 찰스 라이엘이 심리에 참석하여 전문적 조언을 해야 했다. 패러데이와 라이엘에게 폭발의 원인은 고장 난 데이비 램

프에서 나와 '채굴자리(일종의 지하 둥근 천장)'에 축적된 메탄가스의 발화로 드러났다. 평결은 재해 사망이었다. 광산 소유자는 책임이 없다는 판결을 받았다.

패러데이는 부유한 광산 소유자가 가난한 광부를 착취하는 행위에 대해 유죄 판결을 내리지 못했고, 평소에 혁명적 정치를 깊이 혐오했던 사람들은 그가 현상 유지를 선호하며 기성 제도에 대한 비판을 싫어하는 토리당원이라고 믿게 되었다.

그렇지만 이 판단은 패러데이의 믿음이 샌더매니언 신앙에 근거한다는 사실을 무시하는 것이다. 샌더매니언은 모든 정치 체제와 거리를 유지했으며 영국 국교회의 가장 두드러진 특징을 주저 없이 비판했다. 정상적인 토리당원은 그렇게 하지 않았을 것이다.

어떤 면에서는 보수적인 성향이 있었지만, 다른 면에서 특히 교회와 국가에 관한 문제에서 패러데이는 철저히 급진주의자였다.

토리당
17세기 말부터 1832년 무렵까지 위그당과 대립했던 영국의 2대 정당 중 하나. 토리당원들은 주로 토지를 소유한 신사계급과 시골의 성직자들로부터 세력을 끌어 모았으며, 주로 그 시대의 보수주의자들이었다.

샌더매니언에서 제명되다

1844년에는 분명치 않은 이유로 패러데이와 샌더매니언 신도 18명이 런던 교회에서 '제명'되었다. 패러데이의 경우, 대외적인 이유는 마땅히 교회에 있어야 할 일요일에 빅토리아 여왕의 만찬 초대를 받아들여 교회 규율을 위반했다는 것이었다. 하지만 이 분쟁을 뒷받침하는 증거는 없었으며, 어떻든 간에 다른 신도들이 제명된 이유는 설명되지 않았다.

좀 더 그럴듯한 원인은 장로가 전체 교회를 대표하여 결정을 내릴 수 있는가에 관해 당시 교회 내부에서 벌어진 격렬한 논쟁이었다. 교회 내부의 권력 유지에 그다지 관심이 없었던 패러데이는 아마도 이 문제에 관해 동료 장로들의 의견에 동의하지 않았을 것이다.

다행히도 문제는 신속히 해결되었고 6주 후 패러데이와 대부분의 신도들은 교회에 다시 입교했다. 자격 정지는 패러데이의 정신세계에 깊은 영향을 미쳤으며 1844년 그에게 들이닥친 다른 질병의 발병에도 어느 정도 원인이 되었을 것이다.

다행히도 1845년 무렵 패러데이는 눈에 띄게 호전되었으며, 가장 우수한 과학적 성과로 평가되는 연구를 진행할 수 있었다. 1836년 전기 비전도체(유전체)에 관한 근본 법칙을 발견한 후, 거의 10년이 지나서 그는 자기를 띨 수 없는 물질(철과 한두 가지 다른 금속을 제외하고 거의 모든 것을 포함)에 대한 연구로 돌아섰다.

자기광학의 기초가 된 '패러데이 효과'

그는 젊은 스코틀랜드 물리학자 윌리엄 톰슨(나중에 켈빈 경이 되었으며, 이후 절대 온도 눈금의 개발로 가장 잘 알려짐)과 주고받은 편지에 힘입어 이 방향으로 연구를 진행했다.

빛과 전기가 어떤 방식으로든 관련되는지 여부에 의문을 품고 그는 평면 편광(진동이 한 평면에 제한되는 빛)에 미치는 강력한 전기장의 효과를 조사했다. 평면 편광이 특정한 결정체를 통과할 때 평면은 한 각도를 통해 회전하며 이 현상은 쉽게 감지된다. 하지만 패러데이는 가능한 가장 좋은 전기장에서 유사한 효과를 얻을 수 없었다. 따라서 그는 구입할 수 있는 가장 강력한 전자석을 사용하여 자기로 전환했다.

그는 오래전에 다른 실험에서 사용했던 정교한 광학 유리를 사용했다. 이 유리가 매우 강력하게 빛을 굴절시킨다고 알려졌기 때문이다. 그는 자기장에 유리를 매달고 편광을 유리에 통과시켰다. 당시에는 비교적 작은 자석밖에 없었으므로 그는 겨우 미세한 효과만을 얻었다.

그러나 9월 18일에 그는 울리치의 왕립육군사관학교에서 빌려 온 매우 강력한 전자석을 사용할 수 있었다. 다행히 자기와 빛이 관련된다는 그의 생각을 당당히 확증하는 효과가 나타났다. 다양한 물질로 미친 듯이 연구한 끝에, 그날 저녁 그는 대가다운 겸손한 표현으로 '훌륭한 하루의 연구'를 기록할 수 있었다.

자기장에서 편광 평면의 회전은 현재 '패러데이 효과'로 알려져 있다. 이 결과는 자기광학이라는 다른 새로운 과학의 기반이 되었다.

그는 1846년 4월 친구 리처드 필립스에게 보낸 편지에서 이 결과에 관해 회고했으며, 이어서 「광선 진동에 관한 고찰」이라는 제목의 논문으로 〈철학잡지〉에 발표했다.

존 틴들은 이 논문을 "과학자에게서 나온 가장 독특한 성찰"로 평가했다. 패러데이는 빛이 전자기 방사의 한 형태라는 명시적인 발표에 거의 근접하고 있었으며 따라서 광학을 자기학 및 전기학과 통합하고 있었다. 이 생각은 제임스 클러크 맥스웰에게 영향을 주었다. 그는 1864년 발표한 주요 논문 「전자기장의 역학 이론」에서 이 문제를 다루었다.

우주의 위대한 상호 연결성의 확인

패러데이는 1845년 11월 3일 왕립연구소에서 결과를 발표했으며 이를 11월 6일 왕립학회에 보냈다. 그러나 11월 20일 왕립학회에 참석하는 즐거움까지 자제해 다른 사람이 논문을 대신 읽어야 하는 일이 발생했다. 방문객은 실험실에 들어갈 수 없었으며 그는 "밥 먹을 시간도 없다"고 썼다. 실제로 11월 4일 그는 과학에 막대한 중요성을 갖는 다른 새로운 현상을 발견했다.

울리치 자석을 사용하여 그는 자기를 띠지 않은 물질이 그럼에도 자기장에 따라 움직인다는 사실을 발견했다. 그는 대형 전자석의 양극 사이에 작은 붕규산 유리 막대를 걸어 놓고 전류를 흐르게 했을 때 유리가 자석에 따라 회전하다가 자기장에 수직으로 정지하는 것을 보았다. 다시 말해, 유리는 동서로 향했지만, 철과 몇 가지 다른 금속은 남북으로 향했다.

그는 유리가 자기장에서 가장 약한 지점을 찾고 있다는 결론을 내렸다. 자기장을 가로질러 정지했으므로, 이 방식으로 작용하는 물질을 그는 반자성체라고 불렀다('반' 이라는 접두어는 '가로지른다' 는 뜻이다). 반대로 철, 코발트, 니켈과 같은 상자성체는 자기장에 평행으로 정지했다. 그는 금속을 포함한 수많은 반자성체로 실험했으며, 그중에서 가장 강력한 반자성체는 비스무트였다.

패러데이는 반자성의 발견으로 너무 많은 흥분과 신경과민을 일으켰으며 이후 곧바로 브라이튼에서 휴가를 보내야 했다. 하지만 거기서도 그는 참지 못하고 친구인 스위스의 물리학자 오귀스트 드 라 리브에게 결과를 은밀히 알렸다.

이 발견에서도 자기학과 화학의 주제 영역을 연결하는 새로운 과학이 나왔다. 자기 화학으로 알려진 이 과학은 화학 구조를 결정할 때 많은 가치가 있는 것으로 밝혀졌다. 이것조차도 문제의 결말은 아니었다.

실제로 상자성이 아닌 모든 물질은 반자성 작용을 나타낸다고 믿었던 패러데이는 런던으로 돌아온 즉시 이 영역에 대한 연구를 활발히 수행했다. 의심의 여지 없이, 물질적 힘의 통일성에 대한 패러데이의 믿음은 전체 우주를 조화롭게 작용하도록 만든 창조주에 대한 신앙으로 더욱 강화되었다. 그러므로 고체에 적용되는 법칙은 액체와 기체에도 적용되어야 한다.

상자성체

상자성을 지닌 물체. 즉 자기장 안에 놓았을 때, 자기장 방향과 같은 방향으로 자성을 띠는 물질. 자기장이 제거되면 자성을 띠지 않는다. 상온에서의 산소 · 망간 · 알루미늄 · 백금 등이 있다.

초기의 결과는 실망스러웠지만, 패러데이는 1847년 이탈리아 과학자 미켈레 반칼라리가 발견한 불꽃(결국은 연소하는 기체)의 반자성에서 용기를 얻었을 것이다.

그 다음부터 1851년까지 패러데이는 반칼라리의 발견을 반복했다. 그는 많은 일반 기체가 반자성이라는 사실을 밝혀냈을 뿐만 아니라, 1849~50년에 진행한 실험에서 산소가 상당히 상자성을 띤다는 점도 발견했다.

그는 이 놀라운 결과를 이용하여 산소가 상자성이라는 사실에 근거한 지구 자기 이론을 체계화했다. 그리고 과학을 통해 탐사되는 전체 우주의 위대한 상호 연결성을 다시 한 번 확인했다.

10

세상에 나타난 가장 위대한 실험 철학자

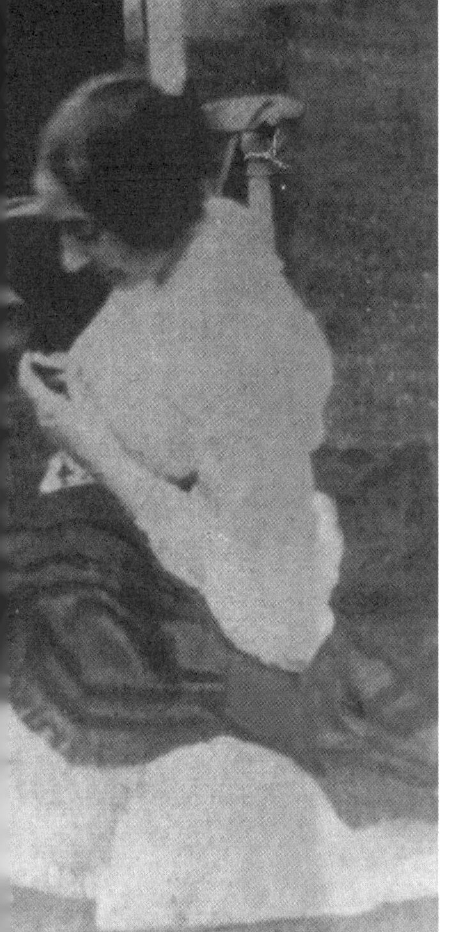

1858년 무렵 사라와 마이클 패러데이, 조카 제인 바너드, 왼쪽은 패러데이의 왕립연구소 동료인 물리학자 존 틴들.

반자성, 빛의 전자기적 특성, 산소의 상자성에 관한 획기적인 발견에도 불구하고 패러데이는 일찍 얻은 병에서 완전히 회복하지 못했다. 앞에서 언급했듯이, 그를 가장 괴롭힌 것은 최근 사건을 잊어버리는 증상이었다. 이 증상은 대부분의 경우 다른 사람이 최근에 수행한 연구를 참작해야 하는 과학 연구에 큰 방해가 되었다. 그는 한때 이렇게 썼다. "기억력 부족 때문에 많은 계열의 연구를 포기하게 되었다. 그렇지 않았다면 아무도 진행하지 않은 빛의 회전과 반자성에 관한 연구를 계속했을 것이다."

너무 젊은 나이에 시작된 기억 상실증

이때 이후 그는 거의 불평하지 않았지만 편지에서 기억 상실을 자주 언급했다. 1861년 그는 드 라 리브에게 보내는 편지에서 농담처럼 말했다. "내 기억이 사라진다면 그 때문에 즐거움뿐만 아니라 고통도 잊을 것입니다. 결국은 행복하고 만족할 것입니다."
2년 후 글래스고를 방문할 때, 그는 사라에게 사랑을 전하며 '기억할 수 없는 다른 많은 것들'에 대해 썼다. 그리고 다음과 같이 덧붙였다.

당신을 만나 함께 이야기하고 싶습니다. 그리고 내가 받았던 모든 친절을 기억하고 싶습니다. 내 머리는 가득 차 있고 내 마음도 그렇지만, 내 기억은 급속히 사라지고 있습니다. 방에 나와 함께 있는 친구들에 관한 기억도 사라지고 있습니다. 당신은 내 마음의 베개가 되고 휴식과 행복을 주는 아내로서 당신의 오랜 역할을 계속해야겠습니다.

이 문제에도 불구하고, 1845년부터 20년 동안 패러데이의 과학적 관심이나 성과가 없었던 것은 아니다. 실제로는 정반대였다. 너무 이른 나이에 정신적 능력이 약해지기 시작했지만(증상이 처음 나타난 1839년에 그는 겨우 48세였다), 패러데이는 자신의 연구를 수행하거나, 다른 사람에게 조언하거나, 강연과 출판을 통해 과학의 목적을 알리면서 가능할 때는 언제든 일을 계속했다.

도선사 협회의 업무는 실제로 이 기간 동안 더 늘어났다. 이런 종류의 자문 업무에는 과학 기술, 인내력, 과학이 하는 일과 할 수 있는 일에 대한 심층적이고 광범위한 이해가 필요하지만 모든 최신 발전 내용을 자세히 기억할 필요는 없다.

1852년 그는 전기전신회사를 위해 전기 케이블 절연체에 대한 침수의 효과를 연구했다. 뿐만 아니라 조선용 목재의 보존과 교도소의 소독에 관해서도 연구했다.

환경에 대한 관심

그는 많은 과학자들과 편지 왕래도 계속했다. 주로 과학의 적용에 관한 특정 질문에 답변하는 내용이었다. 예를 들면 그는 영국의 공학자 마크 이삼바드 브루넬 경에게 템스 터널과 응축 가스를 기관차 연료로 사용하려는 시도에 관해 편지를 썼다. 그는 존 허셜 경과 같은 천문학자, 장 루이 아가시와 같은 지질학자, 에밀 뒤부아레몽과 같은 생리학자, 그리고 수많은 화학자, 물리학자와도 편지를 교환했다.

패러데이는 오염이 예술 작품에 미치는 영향에 관해서도 연구를 계속했다. 오염은 가스등이 켜진 애서니엄 클럽 도서관뿐만 아니라, 석탄 연소로 나타나는 노란 색조 때문에 '완두콩 수프'라고 불리는 런던 안개가 닿는 곳이면 어디서나 발생했다. 이 불결한 오염은 국립 미술관의 유화에 영향을 미쳤지만, 패러데이는 그림을 덮은 더러운 유약이 에탄올로 제거된다는 점을 알게 되었다.

대영 박물관에서는 귀중한 고대 유적이 런던의 먼지로 심각하게 더러워지고 있었다. 패러데이는 엘긴 마블과 같은 많은 조각상과 오브제에는 대기 중에 있는 황산의 작용으로 생긴 미세한 홈이 깊숙이 관통하고 있다는 점을 밝혀냈다. 유감스럽게도 이 미세한 홈에서 먼지를 제거하는 작업은 당시에는 불가능한 과제였다.

엘긴 마블

엘긴 마블은 영국에서 알려진 이름이고, 그리스에서는 파르테논 마블로 알려져 있다. 파르테논 신전을 장식하던 복잡하게 조각된 대리석 조각들을 가리키는 말로, 이 조각들은 '고대 그리스의 최고의 유물', '전 서구 문명의 상징'으로 알려져 있다. 조각상은 영국에 19점, 아테네에 9점이 남아 있다.

환경에 대한 패러데이의 관심은 유서 깊은 건물에만 머무르지 않았다. 1855년 7월 그는 〈타임스〉에 편지를 써서 당시 런던의 주요 식수원인 템스 강의 심각한 오염을 호소했다. 그는 런던과 헝거퍼드 다리 간의 기선 여행을 다음과 같이 묘사했다.

FARADAY GIVING HIS CARD TO FATHER THAMES;

And we hope the Dirty Fellow will consult the learned Professor.

1855년 7월 템스 강을 따라 보트 여행을 한 후, 패러데이는 〈타임스〉에 지독한 강물 오염을 보고하는 편지를 썼다. 명함을 가장자리부터 강물에 떨어뜨렸을 때 윗부분이 물속에 들어가기도 전에 아랫부분이 보이지 않았다. 대중 잡지 〈펀치〉는 풍자만화와 함께 논평을 실었다.

강 전체는 불투명한 흐린 갈색 유동액이었습니다. 불투명도를 시험하기 위해, 흰색 카드를 조금 뜯어서 표면 아래로 쉽게 잠기도록 물에 적신 후, 보트가 도달한 모든 부두에서 이 카드를 강물 속에 떨어뜨렸습니다. 그때 햇빛이 밝게 비치고 있었지만, 표면 아래로 1인치쯤 잠기기도 전에 카드를 분간할 수 없었습니다. 그리고 카드를 가장자리부터 빠뜨렸을 때는 윗부분이 물속에 잠기기도 전에 아랫부분이 보이지 않았습니다…… 교량 근처에는 오물이 구름처럼 짙게 뭉쳐서 강물에서도 표면에 보일 정도였습니다. 냄새는 매우 지독했고 강물 전체가 마찬가지였습니다. 거리의 하수도 구멍에서 올라오는 악취도 똑같았습니다. 강물은 지금 실제로 하수도입니다……

런던에 최악의 수인성 질병 중 하나인 심각한 콜레라 전염병이 퍼진 다음 해였으므로, 이 편지는 특히 시기적절했다. 그것은 수질 오염에 내재한 거대한 위험을 공개적으로 표명하려는 최초의 시도였다. 하지만 많은 세월이 지난 후에야 비로소 과학은 실제 위험을 올바르게 확인하고 위험을 피하기 위한 방법을 알아낼 수 있었다.

세속의 명예에 무관심했던 과학자

그 무렵 패러데이의 명성은 왕립연구소, 런던의 과학계, 영국의 국경까지도 멀리 넘어갈 만큼 확장되었다. 그는 보스턴부터 모스크바까지, 웁살라부터 모리셔스까지 거의

70개 학회에서 회원으로 선정되었다. 그렇지만 그는 간소한 생활을 좋아하여 많은 제안을 거절했으며 세속의 부에 무관심한 태도를 유지했다.

1850년대 후반, 그는 금속에 관한 강연의 수익성 높은 출판에 대해 인가를 거절하면서 이렇게 썼다.

"돈은 내게 유혹이 아니므로 그들에게 시간을 내주고 싶지 않습니다. 실제로 나는 언제나 돈보다 과학을 더 많이 사랑했습니다. 그리고 내 직업은 거의 전적으로 개인적이기 때문에 나는 부자가 될 수 없습니다."

가장 주목할 만한 점은 1857년 그가 아마도 세계에서 가장 이름 높은 과학적 공직인 왕립학회의 회장직을 받아들이라는 동료 집단의 압력에 저항했다는 것이다. 그는 친구 존 틴들에게 이렇게 말했다.

"왕립학회가 내게 수여하고자 하는 명예를 받아들인다면, 나는 단 1년도 내 지성의 무결성을 책임질 수 없을 것입니다."

이 말은 할 일이 너무 많아질 것이라는 의미였다.

패러데이는 세속의 명예에 관심이 없었으며 실제로 몇 년 전에는 기사 작위 수여를 거절했다. 이것은 가장 소박한 샌더매니언 정신이었다. 그는 틴들에게 "마지막까지 평범한 마이클 패러데이로 남아야 합니다"라도 말했다.

패러데이는 빅토리아 여왕의 후원을 전혀 구하지 않았고 반드시 참석해야 하는 경우 외에는 왕실 행사에 거의 참석하지 않았다. 하지만 앨버트 공은 그를 존경했으며 그

로츨리 경, 개시엇, 그로브와 같은 왕립학회의 실력자들은 1858년 마이클 패러데이(오른쪽 맨 끝)를 회장으로 추천했으나 그를 설득하지는 못했다.

의 강의에도 가끔 참석했다.

앨버트 공의 요청으로, 1858년 빅토리아 여왕은 런던 서쪽 템스 강변의 햄프턴 코트 근처 녹지에 있는 저택을 패러데이가 마음대로 이용하도록 허락했다. 왕실의 기준으로는 작았지만, 패러데이에게는 그가 지금까지 살았던 어느 집과도 비교할 수 없을 만큼 훌륭했다. 그의 가족이 말러스탕에서 세 들어 살던 집에 비해서도 확실히 나았다.

패러데이는 수리비 때문에 관대한 제안을 선뜻 받아들이지 못했으나, 이 소식을 들은 여왕은 필요한 모든 작업을 자신의 비용으로 처리하도록 했다. 패러데이의 건강이 악화되자 여왕은 모든 생활 설비가 1층 한 층에 있도록 조처했다. 처음에 마이클과 사라 패러데이는 왕립연구소의 기존 시설을 계속 이용했지만, 1862년부터는 햄프턴 코트의 저택에서만 살게 되었다.

마지막 논문의 기고가 실패로 돌아가다

시간과 기억이 허락하는 한 패러데이는 자주 개인 연구에 몰두했다. 이때부터 그의 목표는 자신의 이론을 가능한 한 철저하고 냉정하게 시험하는 것이었다. 그의 실험 기술은 녹슬지 않았으며, 특정 이론을 옹호하거나 반박하는 증거를 얻어 낼 수 있도록 실험을 고안하는 비범한 재능도 그대로였다. 전기와 자기의 문제에 관해 1830년대와 1840년대에 패러데이가 내린 결론은 약점을 찾을 수 없을 만큼 완벽했다.

그는 원대한 통일적 체계에 중력을 도입하여 물리적 세계의 정복을 확장하려고 노력했다. 특히 중력을 전기에 연결하는 방법을 찾으려 했다. 그렇게 하기 위해, 그는 템스강변 사우스 뱅크에 있는 유명한 탄환 제조탑을 이용했다. 약 50미터 높이의 이 탑은 녹인 납을 떨어뜨리기 위해 사용되었다. 그러면 납은 바닥에 닿을 때까지 냉각되어 작은 구형의 고체 납 탄환으로 분리되었다.

패러데이는 탑을 이용하여 대형 절연 납덩이를 떨어뜨렸다. 납에 전하가 있다면 하강 전후에 측정할 수 있을 것이다. 끊임없이 노력한 결과, 패러데이는 감지할 만한 변화가 없다는 사실을 발견했으며 최소한 여기서는 전기와 중력 간에 실험적 관련이 없다는 결론을 내렸다. 실제로 현재 우리가 알고 있듯이 중력은 광학, 전기학, 자기학의 힘과 매우 다르며, 패러데이의 결론은 옳았다.

그는 이 실험 결과를 1860년 〈철학회보〉에 제출했으나, 왕립학회의 서기관인 케임브리지 물리학자 조지 스토크스는 철회를 권고했다. 이유는 패러데이가 단지 소극적인 결과를 보고할 뿐이며, 광범위하게 유지되는 믿음을 반박하지 않는 한, 이처럼 저명한 잡지에 실릴 가치가 없다는 것이었다.

스토크스는 물리학에 대한 패러데이의 통일된 생각에 동의하지 않았으며 따라서 이 결과를 당연히 중요하지 않은 것으로 간주했다. 스토크스는 패러데이의 복음주의적

스토크스(1819~1903)
영국의 수학자 · 물리학자. 미분 · 적분 방정식과 광학, 음향학 이론에 업적을 남겼다.

앨버트 공의 요청으로, 빅토리아 여왕은 패러데이 가족이 말년을 보낼 수 있도록 햄프턴 코트 저택을 집세 없이 제공했다. 그들은 1862년부터 5년 후 패러데이가 사망할 때까지 이곳에서 살았다.

종교를 많은 부분 공유하면서도 거기서 자연에 관한 동일한 결론을 이끌어 내지 않았다.

그것은 패러데이가 발표를 위해 제출한 마지막 논문이었다. 논문이 실질적으로 거부된 것을 보면 이 무렵 그가 기성 물리학으로부터 얼마나 멀리 물러났는지 알 수 있다.

1861년의 마지막 크리스마스 강의

패러데이는 여전히 시간과 에너지를 후속 연구에 쏟아부었다. 1862년 그는 불꽃으로 가열한 나트륨과 그 밖의 금속에서 방사되는 스펙트럼선에 전자기장이 영향을 미치는지의 여부를 발견하려고 시도했다. 강력한 전자석의 양극을 불꽃 둘레에 놓고 전류를 흐르게 했을 때, 패러데이는 스펙트럼선의 위치와 크기에 전혀 변화가 없음을 감지할 수 있었다. 변화를 감지했다면, 자기와 빛 간의 새로운 다른 관련이 밝혀졌을 것이다.

실제로, 패러데이의 소극적인 결과에서 자극을 받은 네덜란드의 물리학자 피터 제만은 훨씬 더 강력한 자석과 더 좋은 분광 장치를 사용하여 35년 후 더욱 성공적인 결과를 얻었다.

그는 자기장의 적용으로 스펙트럼의 선이 약간 넓어진 것을 발견했으며, 따라서 전자의 질량 측정과 양자 이론의 확장을 이끌어 냈다. 1862년에 더 좋은 장비가 있었다면 패러데이는 제만 효과를 충분히 발견할 수 있었을 것이다.

그럼에도 1860년대 무렵 70대에 들어선 패러데이는 불가피하게 예정된 모든 상실과 함께 은퇴를 해야 했다. 처음 닥친 것은 크리스마스 강의였다. 그는 1861년에 마지막 강의를 했다. 그는 실험 노트에 마지막 내용을 적은 후 몇 주 지난 1862년 6월 20일에 독일 공학자 찰스 윌리엄 지멘스의 가스로에 관해 마지막 금요일 밤 강연을 했다.

2년 후 그는 샌더매니언 교회에서 장로 직위를 사임했으며, 이듬해 1865년에는 왕립연구소에서 실험실 감독관 직위를 사직했고 도선사 협회와 오랜 기간 유지해 온 관계를 정리했다.

마지막 남은 2년 동안 그는 대체로 집에서 의자에 파묻혀 지냈으며, 그를 보러 오는 사람들은 그에게서 오랫동안 봉사해 온 과학의 세계에서 물러나 평온해진 인상을 받았다.

대중과 함께해 온 반세기

이때까지 마이클 패러데이는 거의 반세기 동안 실험실에서 일했다. 이 기간 동안 그는 새로 성장하는 전기학과 자기학에서 수백 가지 방법을 탐색했으며 미지의 영토를 홀로 개척했다. 성공은 그에게서 멀리 떨어져 있었지만 때때로 결과는 한꺼번에 빠르게 다가왔으며 결국 그는 강요된 휴식 기간을 보내야 했다.

전자기학, 자기 광학, 반자성학과 같은 새로운 과학은

그의 연구에서 나왔으며, 전기 화학 분야는 그의 주목을 받으며 비로소 거대한 진보를 이루었다. 그의 발견에서 발전기와 전동기가 나왔다. 그리고 장대한 발견 밑에는 전에 없이 통일된 과학이 있었으며 패러데이의 뒤를 잇는 과학자들이 새로운 발전을 이룰 수 있는 토대가 마련되었다.

그뿐 아니라 패러데이는 영국에서 가장 훌륭한 과학 교류자로 등장했다. 그의 저술과 왕립연구소 강의는 과학을 새로운 높이의 대중성으로 이끌었다. 해마다 그는 유명한 계단식 강의실을 과학 실험의 놀라운 성과로 채웠으며, 청중을 사로잡은 논평도 뒤따랐다.

패러데이는 항상 자신이 생각하는 사회적 의무에 관심을 돌렸다. 그 일은 금속과 유리를 포함한 수많은 물질의 생산이나 영국 등대의 상태와 운영에 관해 조언하여 시민의 실제 사건에 과학을 적용하는 것이었다. 그러나 모든 활동을 끝낼 시간이 빠르게 다가왔다.

1861년 드 라 리브에게 쓴 짧은 편지는 그가 너무도 오랫동안 알아 왔던 세계가 그를 둘러싸고 사방에서 무너져 내리기 시작했을 때, 그리스도교 신앙으로 버텨 낸 내적인 힘을 보여준다.

이와 같은 평화는 신의 선물 안에 있을 뿐입니다. 그것을 주신 분이 바로 그분이라면 왜 우리가 두려워하겠습니까? 그분의 사랑하는 아들 안에 있는, 말로 표현할 수 없는 선물은 눈에 보이는 희망의 근거입니다.

바로 그해에 찰스 다윈은 많은 사람들이 이처럼 확실한 신앙을 손상시키는 것으로 생각했던 책 『종의 기원』을 발표했다. 주목할 만한 점은 패러데이가 일종의 해결할 수 없는 문제를 암시하는 진화에 관해 아무 말도 하지 않았다는 것이다.

그 무렵 건강 상태가 악화되고 있었지만, 그는 많은 시간 동안 분명히 생각할 수 있었으며 필요한 경우 자신의 의견을 유창하게 표현할 수 있었다.

다윈의 연구에 대한 그의 침묵은 깊은 의미를 담고 있다. 많은 물리학자들과 같이, 그는 진화를 '단지 이론에 불과한 것'으로 무시했을 것이다. 아마도 더 확실한 이유로는, 그의 신앙이 너무 강해서 과학조차 신앙을 흔들 수 없었을 것이다.

세상에 나타난 가장 위대한 실험 철학자

임종이 다가왔을 때 그의 친구, 가족, 의료 담당자는 한결같이 조용하고 확신에 찬 그의 태도에 대해 증언했다. 정신이 명료할 때, 그는 그리스도 안에서 얻는 위로에 대해 이야기했으며 시편 23장("주님은 나의 목자시니, 내게 부족함 없어라……"), 46장("하나님은 우리의 피난처이시며, 우리의 힘이시며……")과 같은 구절을 깊이 생각했다. 1867년 8월 25일 서재 의자에 앉아서 그는 조용히 세상을 떠났다.

4일 후, 가까운 가족과 친구 몇 명만 참석한 가운데 런던 북부 하이게이트 공동묘지에서 장례가 열렸다. 그의 요청에 따라 의식도 행렬도 없었다. (1991년 웨스트민스터 사원에서 그의 탄생 200주년을 기념하는 공식 행사가 개최되었다. 이것을 보았다면 분명히 그는 질겁했을 것이다.) 샌더매니언 관습에 따라, 그의 몸은 종교적 행사 없이(성서에서 아무것도 명하지 않았으므로) 조용하게 교회 의식으로 '축성(祝聖)' 되지 않은 흙 속에 매장되었다. 무덤 앞에는 다음과 같이 새겨진 소박한 비석이 있다.

마이클 패러데이

1791년 9월 22일 출생

1867년 8월 25일 사망

현대 과학의 양상을 바꾸고 따라서 사회 자체의 양상을 바꿔 놓은 "세상에 나타난 가장 위대한 실험 철학자"(틴들의 표현)는 이렇게 세상을 떠났다. 맥스웰은 그를 "확장된 전자기 과학의 아버지"로 묘사했으며, 켈빈 경은 "전기에 대한 나의 때 이른 사랑에 영감을 준 실력자"로 묘사했다. 그의 일대기는 뉴턴과 아인슈타인보다도 더 많은 관심거리였다.

다른 어떤 것이 그의 비범한 성과에 기여했든 패러데이의 과학이 종교에 많은 근거를 두고 있었다는 점은 의심의 여지가 없다. 불가지론자인 틴들도 "그의 종교적 느낌과 철학은 따로 떼어 놓을 수 없다"고 인정했다.

이 점에 대해서는 이미 많은 예가 제시되었다. 말하자면, 자연 세계의 통일성에 대한 확신, 돌턴의 원자보다 오히려 힘의 점중심에 대한 선호, 신학적 영감을 받은 자연에 대한 경외, 창조주의 작품을 이해하는 순수한 기쁨과 결단 등이다.

1844년 "내 종교에는 '철학'이 없다"는 유명한 발언을 했을 때, 그는 과학적 진리와 종교적 진리 간에 연결이 전혀 없다는 말을 한 것이 아니었다. 오히려 그는 과학적 지식(그가 말하는 '철학')이 종교를 해명할 수도 없고 인간을 신에게 인도할 수도 없다고 말하고 있었다.

그의 강의 기술, '체제'에 대한 혐오, 과학을 통해 동료 시민들에게 이익을 주려는 희망은 모두 샌더매니언 신앙과 실천에서 유사점을 찾을 수 있다. 신앙은 과학적 생활과 그 밖의 생활을 포함한 그의 삶 전체에 의미와 목적과 형태를 부여했다.

마이클 패러데이는 과학자 그룹에 속해 있었지만(난쟁이들 가운데 거인처럼), 과학과 그리스도교의 통합, 성서의 권위에 대한 강한 확신, 그리스도에 대한 겸소한 신앙 등의 측면에서 수많은 천부적 과학자들을 대표했다.

그들 모두에게 과학적 탐구의 과제는 흥미롭고 만족스러운 것만은 아니었다. 진정한 의미에서 그것은 그리스도교인의 사명이었다. 바로 이 점에서 마이클 패러데이의 생애와 성과를 이해할 수 있다.

1791년	런던에서 마이클 패러데이 출생하다.
1804년	제본공이자 서적상인 G. 리보 밑에서 일을 시작하다.
1812년	왕립연구소에서 험프리 데이비의 강연을 듣다.
1813년	왕립연구소의 조수로 임명되다.
1813~1815년	험프리 데이비 경과 유럽으로 과학 여행을 하다.
1815년	왕립연구소에서 조수 겸 장비 관리자가 되다.
1815~1816년	데이비와 함께 광부용 안전등에 대해 연구하다.
1821년	사라 바너드와 결혼, 샌더매니언 교회에 입교, 전자기 회전에 관해 처음으로 실험하다.
1821~1822년	두 가지 탄소 염화물을 발견하다.
1823~1824년	기체의 액화에 성공하다.
1825년	벤젠과 이소부틸렌을 발견하다.
1829년	울리치의 왕립육군사관학교에서 시간제 교수직을 담당하다.
1831년	전자기 유도를 발견하다.
1833년	전기 분해에 관한 '패러데이의 법칙'을 발견하다.
1836년	도선사 협회의 과학 고문으로 임명되다, 정전기와 유전체에 관해 연구하다.
1840년	샌더매니언 교회의 장로로 임명되다.
1845년	반자성체와 상자성체, 자기 광학을 연구하다.

1849년	중력과 전기의 통합을 시도하다.
1858년	빅토리아 여왕에게서 햄프턴 코트의 저택을 받다.
1861년	왕립연구소에서 교수직을 사임하다.
1862년	스펙트럼선에 미치는 자기장의 효과를 연구하다.
1867년	햄프턴 코트 저택에서 사망하다.

전자기학과 패러데이

지은이 | 콜린 A. 러셀
옮긴이 | 김문영
초판 1쇄 발행 2006년 6월 30일
초판 2쇄 발행 2013년 7월 10일

펴낸곳 | 바다출판사
펴낸이 | 김인호
주소 | 서울시 마포구 서교동 401-1 신현빌딩 5층
전화 | 322-3885(편집부), 322-3575(마케팅부)
팩스 | 322-3858
E-mail | badabooks@gmail.com
출판등록일 | 1996년 5월 8일
등록번호 | 제10-1288호

ISBN 89-5561-329-6 03400
ISBN 89-5561-062-9 (세트)